『计算机实用技能丛书』

CorelDRAW

从入门到精通 全新版

◉》》 云飞◎编著

U0157895

 中国商业出版社

图书在版编目（CIP）数据

CorelDRAW从入门到精通 / 云飞编著. -- 北京 ：中国商业出版社，2021.1
　（计算机实用技能丛书）
　ISBN 978-7-5208-1527-7

　Ⅰ．①C… Ⅱ．①云… Ⅲ．①图形软件－教材 Ⅳ.
①TP391.413

中国版本图书馆CIP数据核字(2020)第259730号

责任编辑：管明林

中国商业出版社出版发行

010-63180647　www.c-cbook.com

（100053　北京广安门内报国寺1号）

新华书店经销

三河市冀华印务有限公司印刷

*

710毫米×1000毫米　16开　14印张　280千字

2021年1月第1版　2021年1月第1次印刷

定价：69.80元

* * * *

（如有印装质量问题可更换）

前 | 言

　　CorelDRAW Graphics Suite 是加拿大 Corel 公司出品的矢量图形制作工具软件，这个图形工具软件给设计师提供了矢量动画、页面设计、网站制作、位图编辑和网页动画等多种功能。

　　该图形软件是一套屡获殊荣的图形、图像编辑软件，它包含两个绘图应用程序：一个用于矢量图及页面设计，另一个用于图像编辑。这套绘图软件带给用户强大的交互式组合工具，使用户创作的多种富于动感的特殊效果及点阵图像即时效果在简单的操作中就可得到实现——而不会丢失当前的工作。CorelDRAW 通过自身全方位的设计及网页功能可以融合到用户现有的设计方案中，灵活性十足。

　　该软件为专业设计师及绘图爱好者提供简报、彩页、手册、产品包装、标识、网页及其他；该软件提供的智慧型绘图工具以及新的动态向导可以充分降低用户的操控难度，允许用户更加容易精确地创建物体的尺寸和位置，减少点击步骤，节省设计时间。

　　在商业空前发达的现今，合适的设计将更加有助于推动商业化的进程。CorelDRAW 作为一款优秀的设计软件，就顺理成章地成了我们考虑的对象，这也是本书产生的缘由。

　　本书从国内外众多优秀图形作品中遴选出具有代表意义的图形设计，展示了国内图形设计师高超的数字图像制作技艺和数字图像的创意与思维。本书中所采用的每幅图形都体现着数字图像制作的新技术。

本书特点

　　本书具有如下特点：

　　（1）在讲解学习基础知识环节，配以大量丰富的案例，采用详尽的图文并茂的表达形式，非常适合初学者快速掌握 CorelDRAW 2020 的基本知识和操作技能。

（2）本书的实例代表性强，每个实例都是经过精心挑选而来。

（3）本书实例创意性强，突出展示了设计师在图形设计中的构思与技术实现技巧。

（4）本书实例指向性强，每个创意图形效果都给出了该图形的设计应用方向。

（5）本书实例的设计艺术性强，每个实例都达到了艺术性与设计操作的高度融合。

（6）本书装帧、版式设计精美，图文布局充分考虑读者的视觉承受力和图形图像类图书读者较高的审美取向。

本书内容

本书科学合理地安排了各个章节的内容，结构如下：

第 1 章：认识 CorelDRAW 2020、CorelDRAW 2020 新功能、工作界面、文件管理、导入及导出文件、查看与布局、本书使用的常用操作术语介绍等。

第 2 章：对象的选择，位移图形元素，对象的复制、粘贴与删除，组合对象，对象前后顺序调整，对齐和分布，锁定与解锁对象及本章操作技巧提示等。

第 3 章：以大量实例讲解了基本图形绘制的方法和技巧。

第 4 章：以大量操作实例讲解了基本填充、渐变填充、图样填充、轮廓颜色设置、网状填充工具、颜色滴管工具和漆桶工具的操作方法和技巧。

第 5 章：以大量操作实例讲解了图形的修饰与编辑的方法和技巧。

第 6 章：以大量操作实例讲解了排版图文的方法和技巧。

第 7 章：以大量操作实例讲解了为图形添加效果的方法和技巧。

第 8 章：以实例演示的形式，讲解了 CorelDRAW Barcode-Wizard 和 CorelDRAW-PHOTO-PAINT 两个工具的具体使用方法。

第 9 章：讲解了打印、网络发布的操作知识与发排前注意事项。

读者对象

（1）本书可供平面设计从业人员以及电脑美术设计爱好者阅读参考。

（2）本书也用作大中院校计算机师生的教学和辅导用书。

（3）本书可作为各级社会电脑美术培训班 CorelDRAW 培训教材。

（4）本书还可作为各类职业学校非计算机专业读者的教材或参考书。

致谢

　　本书由北京九洲京典文化总策划，云飞等编著。在此向所有参与本书编创工作的人员表示由衷的感谢，更要感谢购买本书的读者，您的支持是我们最大的动力，我们将不断努力，为您奉献更多、更优秀的作品！

云飞

目　录

第 6 章　　排版图文

第 1 章

CorelDRAW 2020 操作基础

学习要点和本章导读

- 了解 CorelDRAW 2020 的新功能
- 熟悉 CorelDRAW 2020 的工作界面
- 掌握 CorelDRAW 2020 的文件管理
- 掌握 CorelDRAW 2020 的文件导入与导出
- 了解 CorelDRAW 2020 的页面显示
- 了解 CorelDRAW 2020 的页面布局设置
- 了解本书所使用操作术语

　　本章简略介绍了 CorelDRAW 2020 的工作界面和查看与布局的设置方法，又对本书中的常用操作术语做了总结和解释。通过本章的学习，可以对 CorelDRAW 2020 的工作环境有一个初步的了解。

1.1 认识 CorelDRAW

CorelDRAW Graphics Suite 是加拿大 Corel 公司出品的矢量图形制作工具软件，这个图形工具软件给设计师提供了矢量动画、页面设计、网站制作、位图编辑和网页动画等多种功能。

该图形软件是一套屡获殊荣的图形、图像编辑软件，它包含两个绘图应用程序：一个用于矢量图及页面设计，另一个用于图像编辑。这套绘图软件带给用户强大的交互式组合工具，使用户创作的多种富于动感的特殊效果及点阵图像即时效果在简单的操作中就可得到实现——而不会丢失当前的工作。CorelDRAW 通过自身的全方位的设计及网页功能可以融合到用户现有的设计方案中，灵活性十足。

该软件为专业设计师及绘图爱好者提供简报、彩页、手册、产品包装、标识、网页及其他；该软件提供的智慧型绘图工具以及新的动态向导可以充分降低用户的操控难度，允许用户更加容易精确地创建物体的尺寸和位置，减少点击步骤，节省设计时间。

1.2 CorelDRAW 2020 新功能

CorelDRAW 2020 带给了我们如下全新的、高质量的创意。

1. 颠覆性的协作工具

用户与客户和同事进行前所未有的设计交流。在云端与审阅者共享用户的概念，使用 CorelDRAW.app（图 1-1）邀请他们查看并直接在 CorelDRAW 设计文件上进行注释和评论。

2. 全新图像优化技术

全新 AI 驱动的 PowerTRACE™，让用户享受出色的位图转矢量图跟踪结果。利用先进的图像优化技术，可以提高描摹时的位图质量。

图 1-1

3. 可变字体支持，让排版更有设计感

全新的排版技术和增强版的核心键入工具实现精美排版。

（1）通过可变字体（图 1-2）支持微调字体；

（2）使用全新的编号列表和增强版项目符号列表，轻松设置段落格式；

（3）享受 Web 和桌面之间无缝衔接的文本工作流程。

4. 图像增强功能，全新 AI 技术，改善图像大小和质量，图像放大细节不丢

机器学习的模型可以帮助提高用户的设计能力并加快工作流程。

（1）利用人工智能放大图像而不失细节（图 1-3）；

（2）消除高度压缩 JPEG 图像产生的噪点；

（3）将新的机器学习的效果应用于位图和矢量图；

（4）使用新的"智能选择"工具可以更快、更准确地创建遮罩。

图 1-2

图 1-3

5. 性能大幅提升

使用明显更快、响应更灵敏的应用程序套件，可以更高效地工作并获得更好的结果。10 倍于上一版本的速度，让用户在更快的时间内完成概念到设计完成的整个过程。图 1-4 为使用 CorelDRAW 所绘制的图形，从中可以看出新版软件在性能上得以全面增强。

图 1-4

6. 增强查找替换功能

以往的 CorelDRAW 很受文字排版工作的设计师喜爱，它的"页面排序视图"功能，可以同时编辑多页面的排版，并且同时导出，节省很多时间，但其绘画功能没有版式功能全面。

所以近年来，每一次更新，除了加强矢量与版式的功能，更添加了很多全新的绘画工具，使 CorelDRAW 得以全方位发展。

7. 全新水平的跟踪结果

令人印象深刻的全新 AI 驱动的 PowerTRACE™，让用户享受出色的位图转矢量图跟踪结果，如图 1-5 所示。利用最先进的图像优化技术，可以提高跟踪时的位图质量。

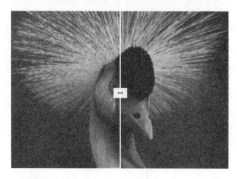

图 1-5

8. 新版 CorelDRAW 2020 包含程序

（1）CorelDRAW 2020 主程序矢量插图和页面布局工具。

（2）Corel PHOTO-PAINT 2020 图像编辑工具：编辑照片，享受与 CorelDRAW 的集成工作流。

（3）Core Font Manager 2020 字体开发与管理工具：无须安装即可直接使用自己喜欢

的字体。

（4）PowerTRACE™是人工智能驱动的位图转矢量图工具。

（5）CorelDRAW.app 通过网页浏览器进行在线图形设计，让用户在没有电脑的时候也能登录 CDR，随时随地开展工作。

（6）Captrue 屏幕捕获工具：轻松一键从计算机屏幕上捕捉图像，包括整个屏幕、单个窗口或菜单列表。

（7）AfterShot 3 HDR 原始照片编辑器：为 RAW 或 JPEG 照片进行专业级矫正和强化。

（8）CorelDRAW 2020 版延续并加强以往的传统，通过一整套专业的图形程序，让用户在设计路上无往不利，轻松地转换各个工具。

这些新增的功能，在 CorelDRAW 中文官网上都能找到专业的文字和视频教程，保证用户能够熟练地掌握每一种功能、运用每一个程序；更有专家为用户提供专业建议，优秀案例供用户寻找灵感，是用户平面设计的得力助手。

9. 早期版本的 CorelDRAW Graphics Suite 中引入的功能

在启动程序后，可以非常轻松地识别出早期版本的 CorelDRAW Graphics Suite：从版本 11 到版本 19 中新增的功能。通过执行"帮助"|"突出显示新增功能"菜单命令，可以突出显示特定版本中新增的所有菜单命令和工具。如果用户正在从以前版本的 CorelDRAW Graphics Suite 进行升级，则此功能特别有用。

10. 学习工具

CorelDRAW 2020 的"提示"功能可以帮助用户掌握工具箱中的各个工具。我们也可以通过在"帮助"菜单中的"视频教程""快速开始指南""用户指南"等内容了解学习 CorelDRAW 2020。

1.3 CorelDRAW 2020 的工作界面

CorelDRAW 2020 的工作界面如图 1-6 所示。

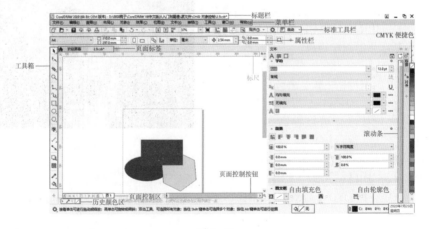

图 1-6

1.3.1　属性栏与菜单功能

1. 属性栏

属性栏显示目前所使用的工具，或者所选中的对象，然后将与该工具或者对象相关的属性显示出来，如图 1-7 所示。用户可以通过属性栏直接设置工具或对象的属性。在图形对象的绘制编辑中，养成使用属性栏调整对象属性的习惯将极大地提高绘图速度。

图 1-7

2. 菜单功能

菜单中的各项命令及其功能如下所述：

（1）文件：基本的文档操作命令，包括文件的新建、打开、保存等。

（2）编辑：包括对象的复制、剪贴等基本的对象编辑命令。

（3）查看：一些辅助绘图的命令，包括显示模式、标尺、辅助线等。

（4）布局：有关页面的操作命令，包括插入页、删除页、页面设置等。

（5）对象：方便地对对象进行各种操作，包括变换、排列与分布、整形等。

（6）效果：针对对象应用各种特殊效果，包括了三维效果、艺术笔触、扭曲、杂点等。

（7）位图：位图操作命令，方便地将对象转换为位图并为其添加特殊的效果。

（8）文本：有关文本的操作命令，包括制表位、项目符号和编号、字形、格式化代码插入等。

（9）表格：有关表格的操作命令，包括创建、插入、选择、删除、合并、拆分等。

（10）工具：各种对象管理器，包括选项、颜色管理、脚本、边框和扣眼等。

（11）窗口：控制工具箱、工作区和所有泊坞窗工具的显示和隐藏。

（12）帮助：有关 CorelDRAW 2020 的帮助和版本信息。

1.3.2　泊坞窗

简单地说，泊坞窗就是将各类工具都聚集在一起。泊坞窗可以根据需要将各个工具单独显示、折叠、展开，并可以随意将它拖拉到视图上的任何位置。

选择相关的命令或使用相对应的快捷键，即可显示或隐藏相对应的泊坞窗。

例如，执行"窗口"|"泊坞窗"|"变换"命令，即可显示"变换"泊坞窗，如图 1-8 所示。

其中：

（1）折叠或展开部分参数按钮为 ▶▶；

（2）关闭窗口按钮为 ✕；

（3）在该泊坞窗口中可以单击相应的按钮图标进行参数设置。

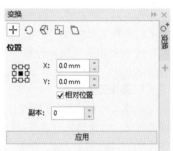

图 1-8

在绘图过程中，可以根据需要重新组合泊坞窗，将常用的工具组合在一起，这样工作起来更为方便。

用鼠标单击并拖动泊坞窗组中所需的工具名称，即可将该工具从组中分离出来，成为一个独立的泊坞窗，然后将其他工具拖动到泊坞窗组中，即可完成工具重新组合的操作。

1.3.3　工作区与状态栏

1. 工作区和画板

所谓工作区，就是可以在上面进行绘图的地方，相当于桌面上放了一张绘图纸。工作区的大小，就是所设页面的大小。只有在工作区以内的对象才能被打印输出。

2. 状态栏

状态栏显示了当前的工作状态。包括页面控制区、历史颜色区、自由填充色和自由轮廓色、工具使用提示、鼠标的坐标位置等信息。

工作时可以通过状态栏得到许多操作信息，例如使用复杂的位图滤镜效果时，由于需要较长时间进行计算，状态栏上会出现进度指示条，指示已经完成的工作总量。如果当前使用的是挑选工具，工作状态栏如图 1-9 所示。

图 1-9

1.3.4　工具箱

工具箱中有选择工具组、形状工具组、裁剪工具组、缩放工具组、手绘工具组、艺术笔工具组、矩形工具组、椭圆形工具组、多边形工具组、文本工具组、度量工具组、连接器工具组、阴影工具组、透明度工具、颜色滴管工具组和填充工具组，如图 1-10 所示。

每组工具组右下角都带有小三角按钮◢，说明此工具中还包括与其相似的工具，可以以工具展开的形式显示。例如选择多边形工具，单击小三角按钮◢，稍等片刻便会弹出如图 1-11 所示的展开工具栏。

接下来为读者简单介绍一下各个工具的用途，至于其具体的操作方法，将在以后章节做详细演示。

1. 选择工具组

挑选工具▶：这是在使用 CorelDRAW 时最常用的工具之一。顾名思义，选择的用途当然是选择对象，使用它可以选择所要操作的对象，将它进行选择、移动、更改大小、旋转、多选、框选操作。配合空格键可以在"挑选工具"和其他工具之间切换。

图 1-10

图 1-11

手绘选择：在用法上和选择相似，不过手绘选择在选择对象时也可以用鼠标长按框住图形范围，一般在选择多个图形时使用。不过要注意的是，手绘选择必须要把图形全部围起来才能选择。

自由变换：自由变化虽然只有一种操作——选择对象锚点进行移动变化，但是却可以完成旋转、倾斜、镜像和扩缩等多项功能。

2. 形状工具组

形状：通过控制节点编辑曲线对象和文本字符，基本上编辑、绘图时都用得到形状工具。

平滑：通过控制节点编辑曲线对象和文本字符，基本上编辑、绘图时都用得到形状工具。

涂抹：沿对象轮廓拖动工具来更改其边缘，要擦拭对象外部时，在对象内部靠近边缘处单击，然后向外拖动；要擦拭选定对象内部时，在对象外部靠近边缘处单击，然后向内拖动。

转动：通过沿对象轮廓拖动工具来添加转动效果，单击对象的边缘，按住鼠标按钮，直至转动达到所需大小。要定位转动及调整转动的形状，请在按住鼠标按钮的同时进行拖动。

吸引和排斥：通过将节点吸引或推离光标处调整对象的形状，在选定对象内部或外部靠近边缘处单击，按住鼠标按钮以调整边缘形状。若要取得更加显著的效果，在按住鼠标按钮的同时进行拖动。

弄脏：沿对象轮廓拖动工具来更改对象的形状。要涂抹选定对象的内部时，单击该对象的外部并向内拖动；要涂抹选定对象的外部时，单击该对象的内部并向外拖动。

粗糙：沿对象轮廓拖动工具以扭曲对象边缘。要使选定对象变得粗糙时，指向要变粗糙的轮廓上的区域，然后拖动轮廓使之变形。

3. 裁剪工具组

裁剪：基本的裁剪功能，清除选定内容外的区域。

刻刀：直接使用间隙或使用重叠切割对象，将其拆分为两个独立的对象。

虚拟段删除：几个图形相叠成段，无论框选重叠以外哪一处，都可删除。

橡皮擦：移除绘图中不需要的区域。但实际使用中还可当绘图笔用，绘制以背景为颜色的画面。

4. 缩放工具组

缩放：放大或缩小视图的显示比例，方便用户对图形的局部浏览和修改。

平移：平移功能可让用户在工作区内移动页面来查看之前隐藏的区域。

5. 手绘工具组

手绘：选择命令以后，直接按下鼠标左键，可以随意绘制任何曲线或者直线，松开鼠标左键，绘制结束。上面的属性栏可以调整手绘的平滑度等。特点是具有断点特性。

2点线：选择命令以后，按下鼠标左键，拉出一条直线，到合适距离松开左键，绘制完毕。在绘制过程中，可以按住空格键或者Shift键，绘制垂直或者水平的线条，每次移动角度以15°进行偏移绘制。

贝塞尔：比较精确地绘制直线和圆滑的曲线。它通过改变节点控制点的位置来控制曲线的弯曲程度。

钢笔：钢笔的作用比手绘工具更强大，可以直接进行预览式绘图，对着节点直接拉伸会产生弧度，手绘工具则不会。

B样条：创建平滑的曲线，并比使用手绘路径绘制曲线所用的节点更少。通过设置构成曲线的控制点来绘制曲线，而无须将其分割成多个线段。

折线：选择命令以后，直接按下鼠标左键，可以随意绘制任何曲线或者直线，松开鼠标左键，绘制结束。上面的属性栏

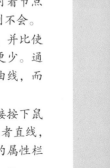

可以调整手绘的平滑度等。特点是具有连续性。

3点线🖎：绘制各种样式的弧线，和近似圆弧的曲线。

6. 艺术笔工具组

艺术笔🖌：使用手绘笔触添加艺术笔刷、喷射和书法效果。艺术笔工具在绘制路径时直接以艺术笔触效果填充路径颜色，笔触效果丰富、形式多样，会产生较为独特的艺术效果，是一项比较灵活而且非常实用的绘图功能。

LiveSketh✏：通过调整智能笔触自然流畅地绘制草图。

智能绘图🔺：快速手绘得到基本图形，比如矩形、圆形、三角形、箭头、菱形、梯形等。智能绘图工具能自动识别许多形状，还能自动平滑和修饰曲线，快速规整和完美形状。智能绘图工具还有另一个重要的优点是节约时间，它能对自由手绘的线条重新组织优化，使设计者更易建立完美形状，感觉自由且流畅。

7. 矩形工具组

矩形▢：绘制零度的矩形。

3点矩形▱：绘制倾斜的矩形。

8. 椭圆形工具组

椭圆形◯：绘制零度的椭圆。

3点椭圆形🔾：绘制倾斜的椭圆。

9. 多边形工具组

多边形⬠：绘制多边形。选择多边形工具，然后在绘图页面中拖动鼠标，直至多边形达到所需大小。按住 Ctrl 键可绘制出正多边形，按住 Shift 键可绘制出以单击点为中心的多边形，两键同时按下可绘制出不以单击点为中心的正多边形。

星形☆：选择星形工具，然后在绘图页面中拖动鼠标，直至星形达到所需大小。可以在属性栏中进行相应设置以更改星形的边数。

螺纹◎：绘制螺纹图形。

常见的形状🖺：绘制三角形、圆形、圆柱体、心形和其他常见图形形状。

冲击效果工具〰：添加径向或平行图形。

图纸▦：绘制网格图形。

10. 文本工具组

文本字：添加、编辑段落和美术字。

表格▦：绘制、选择和编辑表格。

11. 度量工具组

平行度量✎：绘制倾斜度量线。

水平或垂直度量⌐：绘制水平或垂直度量线。

角度尺度📐：绘制角度度量线。

线段度量⟂：显示单条或多条线段上结束节点间的距离。

3点标注↗：使用两段导航线绘制标注。

12. 连接器工具组

连接器↘：绘制线条来连接两个对象。

锚点编辑▢：编辑对象的锚点。

13. 阴影工具组

阴影▢：给编辑的对象增加阴影装饰效果。

轮廓图▣：应用一系列向对象内部或外部辐射的同心形状。

混合🖗：通过创建渐变的中间对象和颜色调和对象。

变形🖙：通过推拉、拉链或扭曲效果变换对象。

封套▨：通过应用封套并拖动封套节点来更改对象的形状。

立体化🏵：向对象应用 3D 效果以创建深度错觉。

块阴影🖎：将矢量阴影应用于对象和文本。

14. 透明度工具组

透明度工具▨：部分显示对象下层的图像区域。

15. 颜色滴管工具组

颜色滴管✐：对颜色抽样并应用到对象。

属性滴管 ✎：复制对象属性，如填充、轮廓、大小和效果，并将这些属性应用到其他对象。

16.填充工具组

交互式填充 ◈：在绘图窗口中，向对象动态应用当前填充。

智能填充 △：在边缘重叠区域创建对象，并将填充应用到所创建的对象上。

网状填充 ♯：通过调和网状网格中的多种颜色或阴影来填充对象。

1.4　文件管理

在学习 CorelDRAW 2020 绘图功能之前，用户应该了解一些基本的文件管理命令，如打开文件、建立新文件、存储文件以及导入和导出文件等。掌握这些文件管理命令后，用户才能得心应手地使用 CorelDRAW 2020 的其他绘图命令。

1.4.1　建立新文件

在开始绘图之前，用户应该创建一个新文件以供使用，CorelDRAW 2020 提供了 5 种新绘图文件建立的方法：

（1）在 CorelDRAW 2020 欢迎屏幕中，单击"从模板新建"按钮来创建新绘图文件。

（2）在 CorelDRAW 2020 工作界面上，从下拉菜单中执行"文件"|"新建"命令，建立新绘图文件。

（3）在 CorelDRAW 2020 工作界面上，用鼠标单击标准工具栏中的"新建" 🗋 按钮，创建新绘图文件。

（4）在 CorelDRAW 2020 工作界面上，以快捷方式"Ctrl+N"，也可以创建新绘图文件。

（5）在 CorelDRAW 2020 工作界面上，执行"文件"|"从模板新建"菜单命令，建立新绘图文件。

1.4.2　从模板新建

CorelDRAW 2020 提供了许多在制作广告传单、小册子、日历、通信簿时经常使用的文档类型模板，用户可以按照所选择模板的样式来创建一个新文档。

操作详解：

（1）启动 CorelDRAW 2020，在欢迎屏幕中单击"从模板新建"按钮或执行"文件"|"从模板新建"菜单命令，将弹出"从模板新建"对话框，如图 1-12 所示。

（2）在对话框中选择已有的

图 1-12

CorelDRAW 的模版选项，然后单击"打开"按钮。

1.4.3 打开文件

如果用户想查看一个已经完成的文件或者在已完成的文件上作一些改动，就可以执行"文件"|"打开"命令来打开此图形文件；也可以用鼠标单击标准工具栏上的"打开" 按钮来打开一个已经存在的图形文件。

1. 打开文件

操作详解：

（1）执行"文件"|"打开"命令，将打开如图 1-13 所示的"打开绘图"对话框。

（2）在此对话框中单击"显示预览窗格" 按钮启用图形预览框，用户可以通过此预览框观察所要选择的图形，以确定打开的文件是否为所需要的文件。或者从文件名称栏中选择需要打开的文件存储所在的路径。

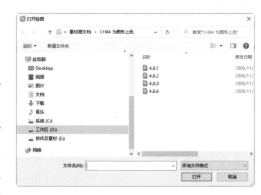

图 1-13

（3）切换到要打开的图形文件所在的文件夹。

（4）双击所需打开的文件或选择此文件然后再单击"打开"按钮，即可将图形文件打开。

2. 打开最近曾打开过的绘图文件

操作详解：

（1）执行"文件"|"打开最近用过的文件"菜单命令，就可以看到在下列表中有四个最近曾打开过的绘图文件。

（2）单击所要的绘图文件即可打开此文件。

1.4.4 保存文件

保存文件是一项很重要的工作，用户所创建的文件只有通过存盘保存才能长久地保留下来。在 CorelDRAW 2020 中，用户可以使用"保存"或"另存为"命令，将绘制的图形文件保存起来，供下一次访问或编辑。

另外，系统过一段时间就会对当前文件进行自动备份。用户可以通过"选项"对话框，调整文档自动备份的间隔时间。CorelDRAW 2020 为用户提供了可访问和使用的存储文件的高级设置选项，通过这些选项，用户可以将所创建的文件以不同的类型保存，以便在访问文件时，可以加快访问速度，同时又保持文件的内容不会缺损。

1. 保存新文档

操作详解：

（1）从菜单栏中执行"文件"|"保存"或"文件"|"另存为"命令，或单击标准工具栏中的"保存" 按钮，弹出如图 1-14 所示的"保存绘图"对话框。

（2）选择文档将要存储的驱动和文件夹。

（3）在"文件名"编辑框中输入文件名称。

（4）然后单击"保存"按钮，CorelDRAW 2020 就将此文档按照用户输入的名称和路径进行保存，自动为文件加上后缀 .CDR。

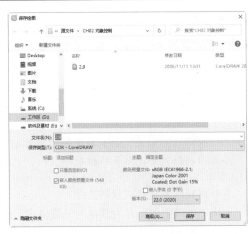

图 1-14

> **提示**：用户也可以使用"Ctrl+S"快捷键来打开"保存绘图"对话框。如果用户需要存储的文档是在一个已经存储的文档基础上修改所得，并且以原有设置进行保存，这时用户只需要单击标准工具栏中的"保存"（S）按钮或选择文件 | 保存命令或使用"Ctrl+S"快捷键即可。

2. 只保存图形中选定的对象

如果用户选择"保存绘图"对话框的"只是选定的"复选框，则可以只保存图形中被选定的内容。

操作详解：

（1）用挑选工具 选择图形中需要保存的对象。

（2）执行"文件"|"另存为"命令。在"保存绘图"对话框中启用"只是选定的"复选框。

（3）指定存储路径并输入文件名。

（4）单击"保存"按钮，保存文档。

3. 以低版本格式存储的文件

用户利用 CorelDRAW 高版本创建的文件无法在 CorelDRAW 低版本中打开，因此，要让用 CorelDRAW 2020 创建的文件在 CorelDRAW 低版本中打开，则用户必须将此文件以相应的低版本格式储存。"保存绘图"对话框的版本列表框包含有从 CorelDRAW 2020 到 CorelDRAW 11 的版本格式，如图 1-15 所示。用户可以通过此选项将文件保存为相应的低版本格式。

图 1-15

操作详解：

（1）执行"文件"|"另存为"命令，打开"保存绘图"对话框。

（2）在保存图形对话框的"版本"下拉列表框中选择需要的低版本格式。

（3）指定存储路径并输入文件名。

（4）单击"保存"按钮，保存文档。

> **提示：** 如果用户利用高版本程序制作了一些特殊效果，而低版本程序又不具备此项功能，则此效果将被破坏。

4. 用其他矢量格式保存文档

用户可以将图形存为其他的矢量格式，这样就能够用其他应用程序打开这个文件。

操作详解：

（1）执行"文件"|"另存为"菜单命令，再打开"保存绘图"对话框。

（2）在"保存类型"下拉列表框中选择一种矢量格式，如图 1-16 所示。

（3）单击"保存"按钮，保存文档。

5. 嵌入字体

如果在用户所创建的文档中包含有某种字体，而该字体在需要访问此文档的其他计算机上未被安装，那么用户就需要在"保存绘图"对话框中选择"嵌入字体"复选框，即将字体嵌入文档中一起保存来解决此问题。

图 1-16

> **提示：** 如果要将 CorelDRAW 2020 文件在较低版本如 CorelDRAW 19、CorelDRAW 18、CorelDRAW 17 等版本中打开，且文件中含有这些版本不支持的字体，则需要在保存文件之前，使用"转换为曲线"命令将文字转换为曲线，这样才能正确地显示该字体。

6. 为文件添加标题和主题

用户在保存文件时，可以给文件添加标题和主题。

操作详解：

（1）在"保存绘图"对话框的"标题"编辑框中输入文件的标题，最多可达 37 个字符。

（2）在"保存绘图"对话框的"主题"编辑框中输入要存储文件的相关信息。

给文件添加标题和主题对于方便地查找文档将非常有用，在打开添加了主题的文件时，将显示这些保存时所指定的信息。这样，用户可以在忘记文件名的情况下查找该文件。

1.4.5　高级选项设置

使用"保存绘图"对话框的"高级"按钮，可以使文件占用更少的内存空间，并且能够加快打开和存储的速度。

在"保存绘图"对话框中单击底部的"高级"按钮，打开如图 1-17 所示的"选项"对话框，在此可以对有关文件存储的一些选项进行设置。

（1）使用 Corel Presentation Exchange（CMX）格式保存：用户可以将文件以简报交换格式进行保存，此文件格式的后缀名为 .CMX。

图 1-17

（2）使用位图压缩：用户可以压缩文件中的位图从而使文件减小。

（3）使用图形对象压缩：用户可以压缩文件中的图形对象使文件减小。

（4）将底纹填充随文件一起保存：用户可以快速地打开复杂的文件，但会增加文件所占用的空间。

（5）打开文件时重建底纹填充：用户可以生成较小的文件，但在打开复杂的文件时，会花费较长时间。

（6）将混合和挤压随文件一起保存：用户可以快速地打开复杂绘图文件，但会增加文件的大小。

（7）打开文件时重建混合和挤压：用户可以生成较小的文件，但在打开复杂的文件时，会花费较长的时间。

1.5　导入及导出文件

CorelDRAW 2020 在保存文件或读取文件时，都默认其本源文件格式（CDR 格式或 CMX 格式），但是不同的应用程序，其本源文件也不相同。导入过滤器和导出过滤器都相当于应用程序间的双信道翻译器，它可以使 CorelDRAW 2020 能够读取非本源文件格式之外的其他文件格式的文件；或将 CorelDRAW 2020 的文件保存为其他文件格式而能够被其他的应用程序读取。

1.5.1　导入

在 CorelDRAW 2020 中导入文件，是通过导入过滤器对话框来完成的。在导入过滤器对话框中，用户可以对导入的位图进行裁剪、链接或重新取样。

操作详解：

（1）执行"文件"|"导入"命令，或单击标准工具栏中的"导入" ⬇ 按钮，打开"导入"对话框，如图1-18所示。

（2）在对话框中的"搜寻"列表框中，可以选择文件所在的驱动器和文件夹。

（3）单击"显示预览窗格" ⊞ 按钮，显示要导入的图形的预览。

（4）在"文件名"文字输入框中输入要导入的文件的文件名，或者直接在文件夹中单击选取文件。

（5）单击"导入"按钮将文件导入。

图1-18

1.5.2 导出

导出文件过滤器对话框允许用户将整个文档导出为非矢量格式的文件，也允许用户只将选定的对象单独导出为非矢量格式的文件。

1. 导出文档

操作详解：

（1）单击标准工具栏中的"导出" ⬆ 按钮，或执行"文件"|"导出"菜单命令，打开"导出"对话框，如图1-19所示。

（2）选择保存导出文件的驱动器和文件夹。

（3）在"文件名"文字输入框中输入保存导出的文件要使用的文件名，在"保存类型"下拉列表框中单击鼠标左键，在弹出的列表框中选择文件保存的格式，如图1-20所示。

图1-19

图1-20

（4）单击对话框中的"导出"按钮。

2. 导出过滤器对话框

当用户选择不同的文件格式导出文件时，程序启用不同的导出过滤器，过滤器对话框中所包含的导出选项不同。这里以最常见的导出为位图文件的 JPEG 文件格式为例来认识过滤器对话框。

操作详解：

（1）单击标准工具栏中的"导出" ⬆ 按钮，或执行"文件"｜"导出"菜单命令，打开"导出"对话框。

（2）选择保存导出文件的驱动器和文件夹。

（3）在"文件名"文字输入框中输入保存导出的文件要使用的文件名。

（4）在"保存类型"下拉列表框中单击鼠标左键，在弹出的列表中将文件类型设置为 JPEG 格式。

（5）单击"导出"按钮，弹出"导出到 JPEG"对话框，如图 1-21 所示。

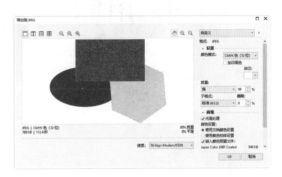

（6）在该对话框中可以设置导出文件的质量、颜色模式、颜色设置等内容。

（7）在确定所有选项后，单击"OK"（确定）按钮，完成导出操作。

图 1-21

1.6　查看与布局

1.6.1　页面显示模式

使用"查看"菜单来选择适当的页面显示质量，如图 1-22 所示，同时配合绘图的步骤选择相应的显示模式。图 1-23 就是页面显示模式及其对应的视图。

需要清楚地显示图形对象的框架时使用线框模式；需要细致体现对象时选用增强模式；像素模式经常用于需要快速更新画面的情况。

图 1-22

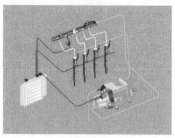
（正常模式）

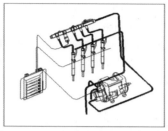
（线框模式）

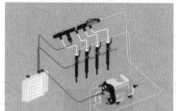
（像素模式）

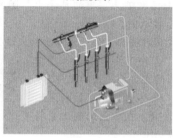
（增强模式）

图 1-23

1.6.2　设置布局

　　通过"布局"菜单中的菜单命令如图1-24所示，可以完成页面布局的设置。例如，插入页面、删除页面、重命名页面、转到某页、切换页面方向、页面设置、页面背景。

　　这些设置都很简单，例如，执行"布局"|"插入页面"菜单命令，进入"插入页面"对话框设置相应的选项即可插入绘图页面。

　　"插入页面"对话框如图1-25所示。在此可以对"页码数""页面尺寸"等参数进行设置。

图 1-24

图 1-25

执行"布局"|"页面布局"菜单命令，在打开的"选项"对话框中双击"页面尺寸"切换到页面尺寸设置区，如图 1-26 所示。在这里可以设置所有的页面尺寸参数，如大小、宽度、高度、方向、渲染分辨率等参数。

大小：首先在"大小"下拉列表框中选择绘图页面的纸张类型。如果选择了"自定义"纸张，那么还需要自行设置纸张的宽度、高度以及纸张的方向。

标记预设：选中"标记预设"单选框，可以在下面的列表框中选择系统提供的标签类型，如图 1-27 所示。

图 1-26

对于常用的"16 开"纸张，CorelDRAW 2020 并没有提供。通过"自定义"纸张，用户可以设定需要的纸张大小和方向，如图 1-28 所示。

图 1-27

图 1-28

1.6.3　以缩略图方式查看多页文档

CorelDRAW 具有以缩略图方式查看多页文档的功能。选择"查看"|"页面排序器视图"菜单命令，多页文档将以缩略图的方式显示，如图 1-29 所示。

通过鼠标拖动可以直接排序页面，如需要将第 2 页调整到最后，只需要直接拖动第 2 页画板即可。

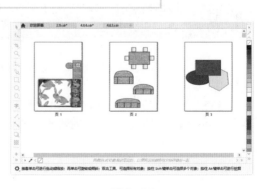

图 1-29

1.7 本书使用的常用操作术语

对于本书中需要用到的计算机常用操作术语，在此先做解释。

1.7.1 常用鼠标操作

单击：移动鼠标至绘图对象或其他对象（如命令按钮、菜单项、文本框、单选框、复选框等）上，按一次鼠标左键。

右击：移动鼠标至绘图对象或其他对象上，按一次鼠标右键。

双击：移动鼠标至绘图对象或其他对象上，快速按两次鼠标左键。

拖动（拖曳）：在对象上面按住鼠标左键不放，然后移动鼠标，这时对象将跟随鼠标移动位置，到需要的位置松开鼠标左键即可。

1.7.2 常用键盘操作

结合功能键：当 Ctrl、Shift、Alt 等键盘功能键后面出现"+"和别的字母键时，表示先按住功能键不放，然后按后面的字母键。例如，Ctrl+V 就是指先按住 Ctrl 键，再按 V 键。结合键提供了访问某些功能的快捷方法，所以又叫快捷键（热键）。

键入（输入）：指使用键盘直接向计算机内输入文字。例如，键入"新文件"就是指通过键盘直接输入"新文件"。

1.7.3 菜单操作命令格式

"AAA"|"BBB"|"CCC"：指在级联菜单中逐层选择所需菜单命令。例如，"编辑"|"全选"|"对象"命令，指首先使用鼠标单击"编辑"菜单，然后将鼠标光标移动到"全选"菜单项上，在弹出的级联菜单中单击"对象"菜单项。

1.8 本章回顾

通过本章的学习，大家已经基本了解了 CorelDRAW 2020 工作界面和它的基本布局调整。

这将给第 2 章的 CorelDRAW 2020 关于对象的操作的学习打下良好的基础，另外对于本书常用操作术语的完全理解，对快速理解本书的基础和实例的操作是非常有益的。

第 2 章

对象控制操作解析

学习要点和本章导读

· 学习 CorelDRAW 2020 对象的选择
· 学习 CorelDRAW 2020 对象的复制
· 学习 CorelDRAW 2020 对象的组合与顺序调整
· 学习 CorelDRAW 2020 对象的对齐和分布
· 学习 CorelDRAW 2020 对象的锁定与解锁
· 掌握在 CorelDRAW 2020 中控制对象的各项操作技巧

　　本章详细讲解了 CorelDRAW 2020，如何对对象进行控制操作的具体方法，如对象的选择、复制、组合、顺序调整、对齐、分布、锁定与解锁等，并总结了控制对象的各项操作技巧，通过本章的学习，就可以基本掌握在 CorelDRAW 2020 中如何对图像进行各种操作。

2.1 对象的选择

2.1.1 挑选工具

任何针对对象的操作，首先保证该对象处于选中状态。选择工具箱中的挑选工具 ，在页面上单击被选择的对象方可选中此对象。当对象被选中时将会在其周围显示八个控制点，如图 2-1 所示。

2.1.2 对象的选取

在 CorelDRAW 中，曲线是构成矢量绘图的最基本的元素。编辑修饰图形对象之前，必须首先选取该对象。我们可以一次选取一个对象，也可以一次选取多个对象。

通常情况下，对象刚建立时，是呈选取状态的。这时对象的中心有一个"×"形的中心标记，同时对象的周围出现框选框。框选框由 8 个选取手柄（也叫控制手柄）组成，如图 2-2 所示。

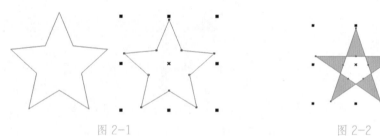

图 2-1   图 2-2

单选：按空格键切换成挑选工具 ，将鼠标移到待选取的图形对象上，单击即可选中该对象。

框选：在待选取对象的外围按住鼠标左键，拖动鼠标，可以看见一个蓝色的框选框，框选框完全框选对象时松开鼠标。使用这种方法可以一次选中多个对象，如图 2-3 所示。

在框选时按住 Alt 键，蓝色的框选框接触到的对象都被选中。

加选 / 减选：在单选图形对象时，按住 Shift 键可以连续选中多个图形对象。按住 Shift 键，还可以减去已选图形对象，如图 2-4 所示。

图 2-3   图 2-4

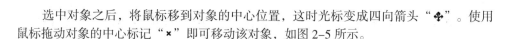

2.2　位移图形元素

2.2.1　使用鼠标移动对象

选中对象之后，将鼠标移到对象的中心位置，这时光标变成四向箭头"✥"。使用鼠标拖动对象的中心标记"×"即可移动该对象，如图 2-5 所示。

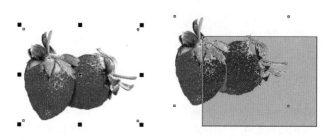

图 2-5

属性栏中提供了使用坐标控制对象位置的方式，这里所采用的坐标是以标尺系统为纵横坐标的。当需要在绘图页面上精确定位对象时，使用坐标定位移动对象就能满足要求。

使用工具箱中的挑选工具 ▶ 选中对象后，在属性栏中输入新的坐标值，按 Enter 键，所选对象便会以中心点对齐所定义的坐标位置。

2.2.2　使用键盘的方向键移动对象

选中对象后，使用键盘上的 4 个方向键可以移动对象。如果配合 Shift 键，可以精密微调对象的位置，调整的距离可以在挑选工具 ▶ 属性栏中设置（保持无选取状态），如图 2-6 所示。

图 2-6

如果只需移动一段确定的距离，请在选中对象后选择自由变形工具作为相对的坐标原点，直接输入要移动的距离即可。

2.3　对象的复制、粘贴与删除

复制和粘贴的快捷键分别是 Ctrl+C 键和 Ctrl+V 键。选中对象后，按 Ctrl+C 键，然后按 Ctrl+V 键即可。

2.3.1 使用标准工具栏复制和粘贴对象

使用标准工具栏中的复制按钮🖳和粘贴按钮🖳可以方便地完成对象的复制。选定对象后，单击复制🖳按钮将对象复制到内存中，然后单击粘贴🖳按钮即可完成对象的复制。标准工具栏如图2-7所示。

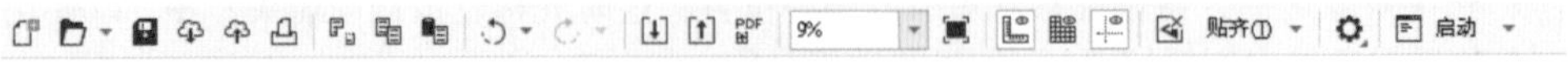

图 2-7

2.3.2 用拖动的方式复制对象

操作详解：

（1）将鼠标移动到对象的中心点或者控制点上。

（2）使用鼠标拖动对象或者控制点（拖动控制点可以在变形操作过程中复制对象）。

（3）在合适的位置单击鼠标右键，即可完成对一个对象的复制。

选中挑选工具▲后，直接使用鼠标右键拖动对象也可进行复制操作。

按住Ctrl键，拖动控制点到达镜像位置后单击右键，即可得到对象的镜像复制品。

在使用鼠标进行旋转、镜像或者缩放等变形操作时，只要在松开鼠标之前单击鼠标右键即可在该处留下一个变形的复制品，如图2-8所示。

鼠标拖动的复制方式同样适用于在两个不同的页面之间复制对象。将对象从一个图形页面拖到另外一个图形页面中，在松开鼠标左键之前单击右键即可，如图2-9所示。

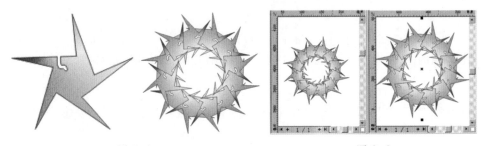

图 2-8   图 2-9

2.3.3 对象属性的复制

使用"编辑"|"复制属性自…"菜单命令可以快速地进行轮廓线、颜色填充等属性的复制，如图2-10所示。

通过"复制属性"对话框右方的帮助文字可以看到，用户可以使用鼠标右键将一个图形对象拖曳到另一个图形对象上，从而快速地复制对象的属性。

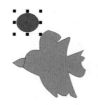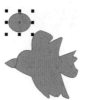

| 选中欲复制属性的对象"星火" | 执行"复制属性自…"命令 | 使用鼠标左键单击"科技" | 完成属性后的效果 |

图 2-10

2.3.4　删除对象

当对象处于被选取状态时，使用挑选工具选择想要删除的对象，然后单击鼠标右键，在快捷菜单中选择"删除"命令，或直接按下"Delete"键即可删除被选取对象。

2.4　组合对象

使用"组合"命令可以将多个不同的对象结合在一起，作为一个有机的整体来操作，从而达到绘图中统一控制多个对象的目的。

2.4.1　建立对象的组合

建立对象组合实际操作步骤很简单，在前面的绘图中也曾经提到过。

操作详解：

（1）选定要组合的所有对象。

（2）单击属性栏中的"组合对象 按钮即可组合这些对象。也可执行"对象"|"组合"|"组合"菜单命令，如图 2-11 所示。

组合后的对象是一个整体，移动某个对象的位置，组合中的其他对象也将随之移动；填充某一对象，组合中的其他对象也将随之填充。

图 2-11

2.4.2　群组的嵌套

在组合中，子对象可以是单个的对象，也可以是由多个对象组成的群组，于是就把它称为群组的嵌套。使用群组的嵌套可以方便地管理多个对象之间的关系。

在某些情况下，有时需要对组合中的某些对象或者群组进行单独操作。

操作详解：

（1）使用挑选工具┡选择组合对象。

（2）按下键盘上的 Ctrl 键，然后使用鼠标单击需要选取的子对象。

（3）释放 Ctrl 键后，子对象即可被选中，如图 2-12 所示。

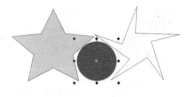

图 2-12

选中组合对象后，单击属性栏中的"取消组合对象" 🔲 按钮即可取消对象的群组状态。如果组合中还有嵌套群组，单击属性栏中的"取消组合所有对象" 🔳 按钮即可取消所有的群组关系。

2.5 对象前后顺序调整

在绘图页面中，如果有两个不同的图形重叠在一起，那么，上面的图形将会遮盖住下面的图形。一般来说，创建较早的图形位于下方，创建较晚的图形位于上方。美术字位于最下方。

本节将以下面的美术字文本为例讲述图形的排序，如图 2-13 所示。

操作详解：

（1）选中图形对象。

（2）执行"对象"|"顺序"命令，然后选择"顺序"子菜单中的各项命令，即可移动对象在绘图页面的排列次序，如图 2-14 所示。

图 2-13

图 2-14

2.5.1　到图层前面

该命令可以将所选的美术字对象从当前位置移到图层最前面的位置，快捷键是 Shift+PgUp 键，如图 2-15 所示。

图 2-15

2.5.2　到图层后面

该命令可以将所选的美术字对象从当前位置移到图层最后面的位置。快捷键是 Shift+Pg Dn 键，如图 2-16 所示。

图 2-16

2.5.3　向前一层

该命令可以将所选的美术字对象从当前位置上移一个图层，快捷键是 Ctrl+Pg Up 键，如图 2-17 所示。

2.5.4　向后一层

该命令可以将所选的美术字对象从当前位置下移一个图层，快捷键是 Ctrl+Pg Dn 键。

图 2-17

2.5.5　"置于此对象前"和"置于此对象后"

使用"置于此对象前"命令可以将所选的对象放置到指定的对象前面，操作详解：

（1）选中文字对象。

（2）执行"对象"|"顺序"|"到图层前面"菜单命令后，鼠标光标变成如图 2-18 所示的黑色水平箭头。使用此箭头单击图形对象，即可指定参考对象。

"置于此对象后"命令的使用方法和"置于此对象前"相同。使用"置于此对象后"命令可以将所选的对象放置到指定的对象后面。

图 2-18

2.6　对齐和分布

对齐在绘图时是非常实用的一种功能。CorelDRAW 拥有功能完备的对齐工具和对齐功能：对齐与分布、贴齐网格线、对齐对象和贴齐网格都可以通过属性栏操作，操作很方便，没有过多复杂的变化。

2.6.1 多个对象的对齐和分布

选中多个对象后，执行"对象"丨"对齐与分布"丨"对齐与分布"命令，即可打开如图2-19所示的"对齐与分布"对话框。

在该对话框中可以选择对象"对齐"的方式，可以选择左对齐、水平居中对齐、右对齐或者顶端对齐、垂直居中对齐、底端对齐，也可以选择对齐选定对象、页面边缘、页面中心、网格或指定点。同样道理，对齐的参数设置也可以合并使用，如左对齐、页面中心等选项的合并。

分布是指将选中的对象分布到绘图页面或者指定范围。分布主要是控制对象之间的距离，分布的范围可以是整个页面，也可以是选定的区域范围。

对齐和分布可以同时配合使用。

使对象对齐的操作步骤如下：

（1）首先切换到挑选工具 ▶，然后在绘图页面使用加选的方式选中多个目标。注意将对象目标最后选中。

图 2-19

（2）单击属性栏中的"对齐与分布" ⊟ 按钮，如图2-20所示。进入"对齐与分布"对话框。分别选中水平方向上和垂直方向上的居中对齐复选框。单击"应用"按钮。

对齐与分布按钮

图 2-20

（3）这时对象将以中心点对齐在一起，如图2-21所示。

对象对齐和焊接、修剪操作一样，都必须选中操作的目标对象，因此在对象的选取时一定要注意目标对象的选取。

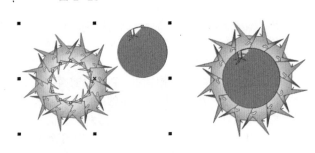

图 2-21

2.6.2 将对象贴齐网格、辅助线与对象

贴齐网格、贴齐辅助线与贴齐对象三项功能都在标准工具栏的"贴齐" 贴齐① ▾ 按钮的下拉列表中，如图2-22所示。

1.贴齐网格

选中"贴齐"下面的"文档网格"或"基线网格"功能时，当对象移近网格，将自动贴近网格，如图 2-23 所示。

　　当我们在"对齐与分布"对话框中选择对齐"网格"时，对象会以中心对齐最近的网格格点。如果选择"左对齐"复选框和对齐"网格"，在移动对象时，对象的左侧会贴向最接近的网格格点。

　　在对齐网格的情况下，对象选框的边缘将对齐水平辅助线或者垂直辅助线。对于倾斜的辅助线来说，对象会以被拖曳的点来对齐网格，对象的点会以蓝色的形状来显示（颜色可以更改）。

2. 贴齐辅助线

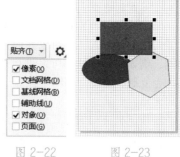

图 2-22　　　　图 2-23

　　"网格"和"辅助线"是相辅相成的功能，网格可以提供有规律、等间距的参考点；辅助线可以调整到需要出现的位置，提供贴齐的参考线。当对象靠近辅助线时就会自动贴向辅助线，如图 2-24 所示。

3. 贴齐对象

　　除了少数特殊情况"贴齐对象"功能按钮并不很常用。启动该功能时，移动对象如果遇到其他对象便会自动贴向该对象。贴齐对象是以对象的节点为参考点的，如图 2-25 所示。

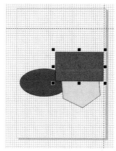

图 2-24　　　　图 2-25

2.6.3　网格和辅助线的设置

1. 设置网格

　　在工作区上单击右键，在弹出的快捷菜单中选择"查看"|"网格"|"文档网格"或"基线网格"命令，即可显示或者隐藏网格，如图 2-26 所示。

　　在标尺上单击右键，从弹出的快捷菜单中选择"网格设置"，进入"选项"对话框中的网格设置区，如图 2-27 所示。

　　网格点密度如果设置太大，对象移动

图 2-26　　　　图 2-27

或者变形时会受到网格的限制，造成操作上的不方便。

2. 设置辅助线

辅助线是一种具有特殊属性的对象，有专门的用途和专门的创建方式。该对象其他方向的属性与普通对象相同，例如，通过鼠标可以进行选取（单选、加选）、移动、复制、旋转、删除等操作。具体操作方法与其他对象无异。

使用鼠标拖动的方式设置辅助线是在绘图操作中经常使用的方法，这种方法的缺点是不容易精确定位，如图 2-28 所示。

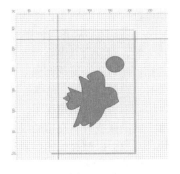

图 2-28

操作详解:

（1）将鼠标移到水平或者垂直标尺上。

（2）拖动鼠标，即可出现一条辅助线。

（3）在合适的位置松开鼠标左键即可。

移动辅助线前必须首先选取辅助线，被选中的辅助线呈红色，这时即可拖动该辅助线到适当位置。拖动过程中单击右键可在当前位置留下一个复制品。

选中辅助线后，按 Delete 键即可删除该辅助线。

辅助线被选中后，再次单击该辅助线将会进入旋转模式。这时可以移动旋转轴心，也可直接拖动两个旋转控制点来旋转辅助线，如图 2-29 所示。

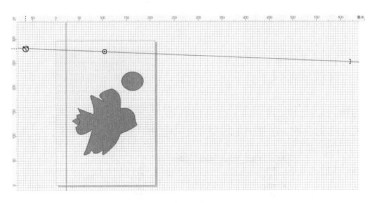

图 2-29

3. 使用"选项"对话框设置辅助线

接下来讲解如何使用"选项"对话框设置辅助线。

使用鼠标右键单击标尺，从快捷菜单中选择"网格设置"，在打开的"选项"对话框中单击选择"辅助线"项，切换到辅助线设置页面，如图 2-30 所示，在这里可以对辅助线的属性进行详细的设置。设置完毕，单击"OK"（确定）按钮即可。

将辅助线锁定可以防止编辑对象时误操作移动辅助线，在辅助线上单击右键，从弹出的快捷菜单中选择"锁定"即可锁定该导线，如图 2-31 所示。

在锁定的辅助线上单击右键，然后从弹出的快捷菜单中选择"解锁"即可解除辅助线对象的锁定，如图 2-32 所示。

图 2-31

图 2-30

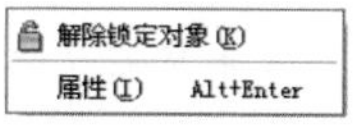

图 2-32

2.6.4　标尺的使用与设置

标尺用来指示对象的当前位置与原点的位置关系。鼠标坐标所在的详细位置可以通过状态栏观察。

标尺是以当前使用的绘图页面的实际大小为参考的。例如，页面设为 A3，标尺的最大宽度是 400 厘米 /16 英寸；页面设置为 A4，标尺的最大宽度为 300 厘米 /12 英寸。标尺显示的是绘图页面的实际距离，而不是显示屏上的距离（在使用缩放 🔍 工具时可以清楚地看到标尺距离的变换）。

1. 显示／隐藏标尺

执行菜单命令"视图"|"标尺"，即可显示 / 隐藏标尺。

2. 设置标尺

使用鼠标可以方便地设置坐标原点。将标尺左上角的 ⊞ 标记拖动到合适的位置，松开鼠标，该点将成为新的坐标原点。双击 ⊞ 标记，即可还原标尺到原始位置。

3. 使用"选项"对话框设置标尺

使用"选项"对话框可以详细设置标尺。双击标尺，即可进入"选项"对话框的标尺设置页面，如图 2-33 所示。

如果需要调整绘图时的比例，可以单击底部的"编辑缩放比例"按钮进入"绘图比例"对话框进行设置，如图 2-34 所示。

图 2-33

图 2-34

2.7　锁定与解锁对象

2.7.1　锁定对象

操作详解：

（1）使所要锁定对象处于选取状态，也可以同时选中多个对象。

（2）然后单击鼠标右键，在快捷菜单选择"锁定"命令，如图 2-35 所示，或执行菜命令"对象"|"锁定"|"锁定"，即可锁定对象。对象被锁定后，对象周围的控制点会变为"锁状"标志，如图 2-36 所示。对象锁定后，就不能被移动了。

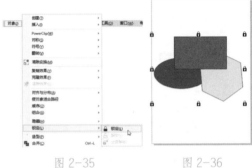

图 2-35　　　　　　图 2-36

2.7.2　解锁对象

操作详解：

（1）选中被锁定的对象。

（2）在被锁定对象上单击鼠标右键，在快捷菜单选择"解锁"命令，如图 2-37 所示，或执行菜单命令"对象"|"锁定"|"解锁"，即可解除选中的对象的锁定。对象解除锁定后，就可以被移动了。

（3）如果需要同时解除所有被锁定对象的锁定状态，执行菜单命令"对象"|"锁定"|"全部解锁"即可。

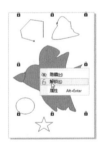

图 2-37

2.8　本章操作技巧提示

2.8.1　切换挑选工具

按空格键可以快速切换到挑选工具。空格键是挑选工具的快捷键。之后再按一次空格键即可切换到原来使用的工具。

2.8.2 键盘操作的常用快捷键

（1）复制和粘贴的快捷键分别是 Ctrl+C 键和 Ctrl+V 键。选中对象后，按 Ctrl+C 键，然后按 Ctrl+V 键即可。

（2）取消上一步：按 Ctrl+Z 键。

（3）恢复刚取消的操作：按 Shift+Ctrl+Z 键。

（4）重复上一个操作：按 Ctrl+R 键，按 Shift+Ctrl+Z 键。

图 2-38

（5）按空格键可以在各种工具与挑选工具 ▶ 之间快速切换。

（6）标准工具栏中的"撤消""恢复"按钮："撤消" ⟲▾ 按钮将列出可以撤消的操作列表，"重做" ⟳▾ 按钮则是可以重做的操作清单，如图 2-38 所示。

2.8.3 选择多个对象

操作详解：

（1）选择挑选工具 ▶。

（2）使用鼠标在第一个待选择对象上单击鼠标左键。

（3）按下 Shift 键不放，再使用鼠标在第二待选择对象上单击鼠标左键。

（4）继续选择其他对象，直至所有待选对象都被选中。

（5）在按下 Shift 键后，如果单击一个已经选中的对象，则会取消其选中状态。

> **注意：** 使用一些基本的绘图工具也可选择对象，如椭圆形工具、矩形工具、多边形工具等。

2.8.4 使用 TAB 键选择对象

操作详解：

（1）选择挑选工具 ▶。

（2）按下键盘上的 TAB 键即可选择某个对象。

（3）不停地按下键盘上的 TAB 键，则系统会自动依照创建对象的顺序，从最后绘制的对象开始，依次选择对象。

（4）如果在按 TAB 键的同时还按下 Shift 键，则会按照相反的顺序依次选择对象。

2.8.5 选择隐藏对象

所谓隐藏对象，就是指在当前视图中看不见的对象。比如，两个矩形完全重合，但它们填充的颜色不一样。在普通情况下，使用挑选工具 ▶ 只能选择上面的一个对象。如果要选择下面的一个对象，就可以采用以下的操作步骤：

（1）选择挑选工具 ↖，按下 TAB 键，直至所需对象被选中（从状态栏中可以看出所选对象的名称和填充色、轮廓色）。

（2）也可以按下 Alt 键，再使用挑选工具 ↖ 单击对象，则隐藏的对象会自动被选中。

（3）如果有多个对象重合或隐藏，可按下 Alt 键后，多次使用挑选工具 ↖ 单击对象，直至所需对象被选中。

2.8.6　选取所有的对象 / 取消选取

双击工具箱中的挑选工具 ↖ 即可选中所有的图形对象；在对象以外的绘图页面单击即可取消对象的选取，也可以按 Esc 键。

2.9　技艺拓展

首先在工具箱中分别选择矩形、椭圆形和多边形工具，绘制如图 2-39 所示图形，并分别进行填色。

其次使用挑选工具 ↖，分别移动 3 个图形，并使它们重叠，如图 2-40 所示，分别选取矩形、椭圆形和多边形，再执行"对象"|"顺序"菜单命令，分别选择"顺序"子菜单中的各项命令，观察被选取图形对象在页面中的排列次序。

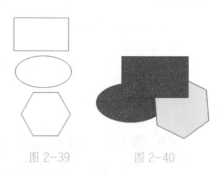

图 2-39　　　　图 2-40

2.10　本章回顾

本章具体讲解了 CorelDRAW 2020 中的对象控制操作，如选取、移动、复制、调序、对齐和分布等，这些操作都是 CorelDRAW 2020 使用的基本操作部分，它们都将是在以后 CorelDRAW 的图形设计和制作中最常用的操作，对于这些操作的熟练程度，将直接影响 CorelDRAW 图形设计和制作的操作速度。

对于这些基本操作的熟练掌握，需要学习者按照本章的各项操作解析多上机练习，并积极掌握 2.8 节中总结的各项操作技巧，这样才能尽快实现图形设计和制作时"事半功倍"的效果。

第 3 章

基本图形绘制

学习要点和本章导读

· 了解什么是位图图像和矢量图形
· 学习 CorelDRAW 2020 的基础造型操作
· 学习 CorelDRAW 2020 的曲线绘图方法
· 学习 CorelDRAW 2020 的图形编辑技巧
· 掌握绘图的快捷操作技巧

本章讲解了 CorelDRAW 2020 基础绘图，如绘制几何图形、曲线图形的绘制方法，并详细介绍了编辑曲线图形的具体方法，还以实例演练的形式来对本章中的绘图方法进行生动的解析。通过本章的学习，可基本掌握 CorelDRAW 的绘图技巧。

3.1 位图图像、矢量图形与分辨率

3.1.1 位图图像

位图图像又称点阵图，是由单个的像素组成的。许多个像素进行不同的排列和染色就可以构成图样。

放大位图时，将使位图中的像素增加，从而使构成图像的线条显得参差不齐。这时往往可以看到构成位图图像的无数单个色块，因此放大位图会使图像失真，如图 3-1 所示。

3.1.2 矢量图形

矢量图形在数学上定义为一系列由线连接的点组成的面向对象的绘图图像。矢量图形中的图形元素叫作对象。在 CorelDRAW 2020 中，每个对象都是独立的，具有各自的属性，如颜色、形状、轮廓、大小和位置等。基于矢量的图形同分辨率无关，因此可以更改图形的大小而不会使图形变形，如图 3-2 所示。

3.1.3 分辨率

（1）图像分辨率

图像分辨率是指单位图像线性尺寸中所包含的像素数目，通常以像素／英寸（ppi）为计量单位，打印尺寸相同的两幅图像，高分辨率的图像比低分辨率的图像所包含的像素多。例如，打印尺寸为 1×1 平方英寸的图像，如果分辨率为 72ppi，包含的像素数目为 5184（72×72=5184）；如果分辨率为 300ppi，图像中包含的像素数目则为 90000。图 3-3 为两种分辨率图像局部放大后的效果。高分辨率的图像在单位区域内使用更多的像素表示，打印时它们能够比低分辨率的图像重现更详细和更精细的颜色转变。

要确定使用的图像分辨率，应考虑图像最终发布的媒介。如果制作的图像用于计算机屏幕显

图 3-1

图 3-2

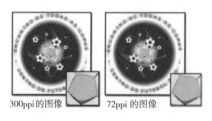

300ppi 的图像　　72ppi 的图像

图 3-3

示，图像分辨率只需满足典型的显示器分辨率（72dpi 或 96dpi）即可。如果图像用于打印输出，那么必须使用高分辨率（150ppi 或 300ppi），低分辨率的图像打印输出会出现明显的颗粒和锯齿边缘。如果原始图像的分辨率较低，由于图像中包含的原始像素的数目不能改变，因此，仅提高图像分辨率不会提高图像品质。

（2）显示器分辨率

显示器分辨率是指显示器上每单位长度显示的像素或点的数目，通常以点 / 英寸（dpi）为计量单位。显示器分辨率取决于显示器尺寸及其像素设置，PC 显示器典型的分辨率为 96dpi。

在平时的操作中，图像像素被转换成显示器像素或点，这样，当图像的分辨率高于显示器的分辨率时，图像在屏幕上显示的尺寸比实际的打印尺寸大。例如，在 96dpi 的显示器上显示 1×1 平方英寸、192 像素英寸的图像时，屏幕上将以 2×2 平方英寸的区域显示。图 3-4 为 620×400 像素的图像，以不同的显示器尺寸及显示分辨率显示的效果。

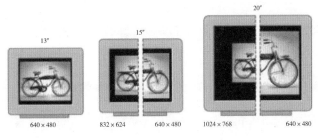

图 3-4

（3）打印机分辨率

打印机分辨率是指打印机每英寸产生的油墨点数，大多数激光打印机的输出分辨率为 300 ~ 600dpi，高档的激光照排机在 1200dpi 以上。打印机的 dpi 是印刷上的计量单位，指每平方英寸上印刷的网点数。印刷上计算的网点大小（Dot）和计算机屏幕上显示的像素（Pixel）是不同的。

3.2　造型基础

3.2.1　矩形工具

矩形工具比较容易理解。不过在 CorelDRAW 2020 中，在绘制的过程中通过配合其他按键，绘制出的效果是不一样的。

选择工具箱中的矩形工具，在绘图页面中单击并拖动，在拖动的过程中按下 Ctrl 键，便可绘制一个以起点为角点的正方形；如果在拖动的过程中同时按下 Shift+Ctrl 键，则会绘制一个以起点为中心的长方形，如图 3-5 所示。

按空格键，选中挑选工具 ▶，通过拖动边角的节点，可以改变矩形边角的圆滑程度，如图 3-6 所示。

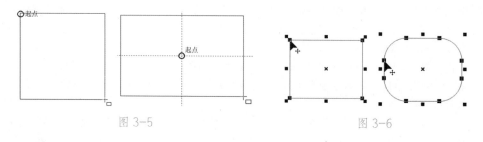

图 3-5   图 3-6

3.2.2 椭圆形⌀工具

椭圆形⌀工具在绘制时配合属性栏可以精确地改变椭圆的外观属性。椭圆属性栏如图 3-7 所示。

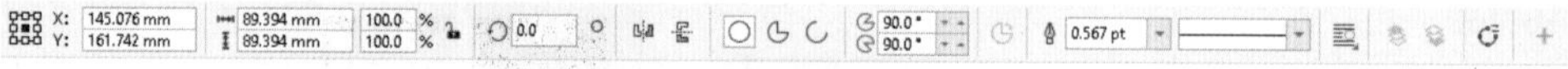

图 3-7

选择工具箱中的椭圆形⌀工具，在绘图页面中配合属性栏进行绘制，如图 3-8 所示。

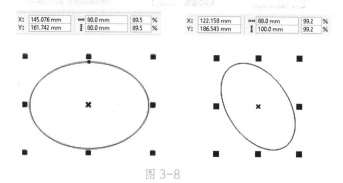

图 3-8

属性栏上的"更改方向"↻ 按钮的作用是在绘制饼形或弧形后，将饼形或者弧形进行 180° 角的镜像，图 3-9 的图形展示了使用"更改方向"↻ 按钮前后的绘图效果比。

在椭圆上，使用鼠标可以交互地变化出饼形或者弧形。

使用挑选工具 ▶ 或者椭圆形⌀工具选中图形对象。将鼠标移到轮廓线的节点上，按住鼠标拖动该节点。在拖动过程中，当光标在椭圆内时，圆将变成封闭的饼，如图 3-10 所示。

当光标在椭圆外时，将变成弧形，如图 3-11 所示。

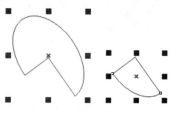

图 3-9

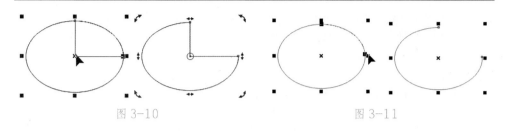

图 3-10   图 3-11

3.2.3   多边形◯工具

多边形◯工具可以绘制边数较多的图形。通过调整其属性可以绘制出形状特殊的图形。

选择工具箱中的多边形◯工具，如图 3-12 所示，在属性栏可以进行数值的调整，

在绘图页面中单击并拖动，如图 3-13 所示。

通过属性栏对其进行修改设置。选择挑选工具 在绘图页面中单击图形，使其处于选中状态，然后调整属性栏中的参数，最后效果如图 3-14 所示。（为了进一步地掌握属性栏参数的调整，希望读者多多练习）

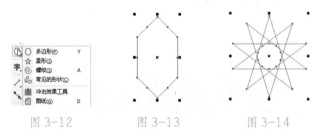

图 3-12   图 3-13   图 3-14

3.2.4   螺纹◎工具与图纸▦工具

这些最基本的几何图形绘制工具放置在工具箱中，其使用方法基本上是一样的。

（1）用鼠标在工具箱中选中这些工具。

（2）将鼠标移到绘图页面，用拖动的方式就可以绘制出所需的图形对象。

在选定图纸▦工具和螺纹◎工具后，通常可以在属性栏中设置相关的参数，如图 3-15 所示。

图纸▦工具的设置比较简单，无须多言。

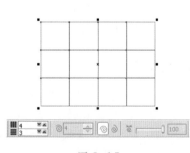

图 3-15

3.2.5   常见的形状₈工具

常见的形状₈工具里收集了许多成形图形，在操作中可以直接调来使用。其中包括

五大类：基本形状、箭头形状、流程图形状、星形、标注形状。

  CorelDRAW 2020 提供了许多种已经绘制好的形状，如五角星、箭头等。这些已经绘制好的形状分成 5 类放置在工具箱中的常见的形状工具的属性栏中的"常用形状"按钮的下拉列表中，如图 3-16 所示。

  可按照如下操作步骤使用这些完成的形状：

  （1）在工具箱中选择形状工具，如图 3-17 所示。

  （2）在属性栏中单击"常用形状"按钮，然后选择一种形状。同时，在属性栏中还可以设置轮廓宽度和线条样式，如图 3-18 所示。

  （3）接着拖动鼠标绘制形状。还可以选择其他形状，如图 3-19 所示。

图 3-16   图 3-17   图 3-18   图 3-19

3.3 曲线绘图

3.3.1 手绘工具

  使用手绘工具绘制直线。在工具箱中选择手绘工具后鼠标光标将会呈状，此时即可开始直线的绘制。

操作详解：

  （1）使用手绘工具在绘图页面单击鼠标，此处就是直线的起点。

  （2）将鼠标移动到结束处再次单击，即可完成直线的绘制。如果需要绘制连续的折线，可以在已完成的直线端点上单击，然后移到结束处再次单击即可，如图 3-20 所示。

  使用手绘工具绘制连续折线

图 3-20

的捷径是：单击鼠标以决定直线的起点，然后在每个转折处双击，到达终点单击鼠标，即可快速完成折线的绘制，如图 3-21 所示。

使用手绘🖊工具除了绘制简单直线外，还可以配合属性栏绘制出各种粗细、线型的直线或箭头符号，如图 3-22 所示。

图 3-21　　　　　　　　　　　　　图 3-22

下面是手绘🖊工具和属性栏配合绘制出的一些线型效果，如图 3-23 所示。

连续绘制曲线，最终回到起点单击鼠标，即可完成一个封闭区域的绘制。加以填充并选择合适的线型，可以制作出如图 3-24 所示的效果。

图 3-23　　　　　　　　　　　　　图 3-24

3.3.2　贝塞尔🖊工具

1. 使用贝塞尔🖊工具绘制曲线

贝塞尔🖊工具的特长就是可以用来绘制平滑、精确的曲线。通过改变节点及其控制点的位置，来控制曲线的弯曲度。完成曲线的绘制后，使用控制点分别定位每个节点，可以精确地调节直线和曲线。

使用贝塞尔🖊工具绘制曲线，是使用 CorelDRAW 2020 绘图必须熟练掌握的一个重要操作。下面将结合具体的例子来演示曲线的绘制过程。

操作详解：

（1）选择工具箱中的贝塞尔🖊工具。

（2）在绘图页面按下鼠标左键并拖动鼠标，即可确定起始节点。这时该节点两边出现两个控制点。连接控制点的是一条蓝色的控制线，如图 3-25 所示。

（3）将鼠标移到下一个节点处单击并拖动鼠标，两个节点间将出现一条曲线线段，同时第二个节点出现两个控制点。按住鼠标左键不放并拖动鼠标，控制点连线的长度和角度随鼠标移动而改变，同时曲线的外观也在变化。调整好以后，松开鼠标即可，如图 3-26 所示。

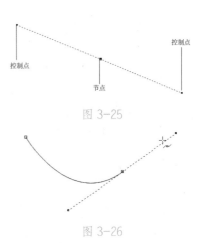

图 3-25

图 3-26

2.使用贝塞尔 🖋 工具绘制直线／折线更加简单

操作详解:

（1）将光标移到绘图页面，单击并确定第一个节点。然后将光标移到下一个位置，并单击确定第二个节点，绘图页面将出现一条直线。

（2）如果要绘制折线，只需继续在下一个节点单击即可，如图3-27所示。

使用贝塞尔 🖋 工具可以绘制出直线、曲线连接的线条，再配合使用属性栏中的线型、起始箭头类型、终点箭头类型以及线宽等设置项（使用方法与手绘 🖋 工具一样），就可以得到许多美观的图案，如图3-28所示。

在绘制过程中，如果线条没有完全符合要求，可以暂时不用管它。曲线成型后可以使用形状 🖊 工具来精确调整曲线形状。

只有一个缺口的非封闭曲线可以使用属性栏中的"闭合曲线" 🕞 按钮转换成封闭曲线，如图3-29所示。如果有多个缺口，经过转换会形成多个封闭曲线，如图3-30所示。

图3-27　　　图3-28　　　图3-29　　　图3-30

3.3.3　3点线 🖾 绘图工具

使用该工具可以绘制出各种样式的弧线和近似圆弧的曲线。

操作详解:

（1）在工具箱中选择3点线 🖾 工具，在绘图页面按下鼠标左键以确定曲线的第一个点。

（2）按住鼠标不放，拖动鼠标到曲线的结束点，松开鼠标以便确定曲线的结束点。

（3）移动鼠标，这时曲线的形状会随着鼠标的拖动而改变，在得到合适形状后单击鼠标即可完成曲线的绘制，如图3-31所示。

另外，3点椭圆形 🖾 工具的具体操作方法和3点线 🖾 工具的方法基本相同，这里就不再赘述了。

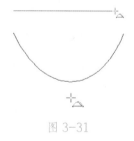

图3-31

3.3.4　钢笔 🖋 工具

钢笔 🖋 工具可以用来自由地绘制连续的线段和曲线。

操作详解:

（1）在工具箱中选择钢笔 工具，在绘图页面单击鼠标确定第一点，然后在另一点再次单击鼠标，这时在两点之间生成线段。再次单击生成两个连续的线段，如图 3-32 所示。

（2）接着绘制一条曲线连接在线段上。在曲线想要结束的地方按下鼠标左键，然后拖动鼠标，这时候曲线的形状会随着鼠标移动而变化。得到合适曲线外形后松开鼠标左键即可完成曲线的绘制，如图 3-33 所示。

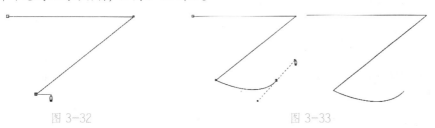

图 3-32 　　　　　　　　　　图 3-33

（3）将鼠标移到下一个点，单击或者拖动鼠标即可完成接下来的曲线绘制。如果选择双击画面，这次绘制过程将立即结束。

3.3.5　B 样条 工具

B 样条 工具的使用方式更为简单，通过设置构成曲线的控制点来绘制曲线，而无须将其分割成多个线段。可以通过单击的方式绘制不规则曲线（指曲率不规则）和连续线段。B 样条 工具在绘制不规则曲线的时候，曲线随拖动的路径而定。

3.4　编辑图形

3.4.1　矢量图形对象的构成

在 CorelDRAW 2020 中，曲线是矢量绘图中主要的组成部分。除了直接用绘图工具创建的曲线外，我们还可以将任何多边形、椭圆形以及文本对象转换成曲线。

节点是构成曲线的基本要素，曲线的形状是由曲线上的节点以及节点的控制点决定的。可以通过移动节点和节点的控制点来改变曲线的形状。通过在曲线上增加和删除节点，可以使曲线变得更加容易控制，如图 3-34 所示。

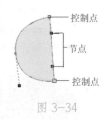

图 3-34

对节点进行操作之前，必须选取需要修改的节点。选取节点的常用工具是形状 工具。

CorelDRAW 2020 中共有 3 种节点类型：尖突节点、平滑节点和对称节点，如图 3-35 所示。节点类

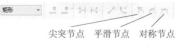

图 3-35

型不同，节点控制点的属性不同。使用形状 工具的属性栏可以转换这 3 种节点类型。

（1）尖突节点：尖端节点的控制点是独立的，移动一个控制点，另外一个控制点并不移动，从而使得通过尖端节点连接的曲线能够尖端弯曲。

（2）平滑节点：平滑节点的控制点是直接相关的，当移动一个控制点时，另外一个控制点也将随之移动。通过平滑节点连接的线段产生平滑过渡。

（3）对称节点：控制点不仅是直接相关的，而且控制点的长度也是相等的，从而使得平滑节点两边的曲线曲率也是相等的。

3.4.2　选择节点

使用形状 工具选中曲线的节点后，就可以通过属性栏来直接更改节点的属性，如图 3-36 所示。

使用尖突节点前　　　　　　　　选中尖突节点后调整的效果

图 3-36

在绘图的某些时候需要同时选择对多个节点进行操作。

操作详解：

（1）选择工具箱中的形状 工具，按住 Shift 键单击即可选中图形对象的多个节点。

（2）松开 Shift 键，按下鼠标左键，拖动鼠标，用鼠标圈住多个节点。

（3）松开鼠标，被圈住的几个节点全部被选中，如图 3-37 所示。

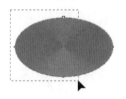

原图　　　　　　　　框选节点　　　　　　　　选中框选中的节点

图 3-37

同时按住 Shift 键和 Ctrl 键，单击曲线上任何一个节点，曲线上的所有点也将全部被选中，如图 3-38 所示。

双击工具箱的形状 工具，如图 3-39 所示，可以快捷地选定所有节点。

图 3-38　　　　　　　　　　　　　图 3-39

3.4.3 将几何图形转换成曲线

使用绘图工具绘制的矩形、圆形以及多边形都是几何图形，这类图形的节点比较少，属于具有特种属性的图形对象。在绘图中，通过属性栏最右侧的"转换为曲线" 按钮可以将其转换成曲线。

这些特殊属性的几何图形转换成曲线后，就不再具有原来的属性，成为普通的封闭曲线，同时具有较多的控制节点，可以更改线宽。

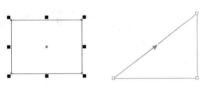

美术字也是具有特殊属性的对象，使用"转换为曲线" 按钮也可以将其转换成普通的图形对象。

选中对象，单击"转换　　使用形状工具改变图形
为曲线" 按钮　　　　　　轮廓

下面我们用一个经典的例子演示"转换为曲线"功能按钮的用处，效果如图 3-40 所示。

图 3-40

3.4.4 曲线编辑模式

在绘图时，我们通常使用形状 工具来精密地修改曲线的轮廓。使用形状工具，我们可以改变曲线的属性和形状：可以将直线转换成曲线；将曲线转换成直线；将一条曲线拆分成数条曲线或者将数条曲线合并成一条曲线。

图 3-41

首先使用各种工具绘制出几何图形对象，用形状 工具选中图形的任何一个节点，然后单击属性栏中的"转换为曲线" 按钮，即可将其转换成曲线，并且保持这些几何图形对象的对称性（如果使用属性栏中的"转换为曲线" 按钮转换，几何图形将会失去对称性）。使用各种绘图工具、挑选工具 和形状 工具都可以用来控制曲线，如图 3-41 所示。

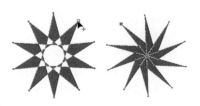

使用形状 工具可以直接拖动节点的控制点，如图 3-42 所示。

图 3-42

修改线型需要从移动节点和更改节点属性着手。移动节点只要拖动节点即可；而更改节点属性需要用户理解透彻节点属性和控制点之间的关系，然后才能根据需要设置节点的属性。

对于曲线，使用形状 ⯬ 工具单击需要编辑的节点，节点上的控制点和控制线就会出现。

如果控制点和节点重叠在一起，那么按住键盘上的 C 键即可将控制点从节点中拖出来，如图 3-43 所示。

图 3-43

3.4.5 增加 / 删除节点

操作详解：

（1）使用形状 ⯬ 工具选定需要操作的对象。

（2）在轮廓曲线上双击，即可添加新的节点，如图 3-44 所示。

图 3-44

（3）在节点上双击，即可删除该节点，如图 3-45 所示。

图 3-45

如果需要删除多个连续的节点，可以使用框选的方式选中需要删除的所有节点，然后按 Delete 键一并删除。如果需要删除的节点是分散的，可以先按住 Shift 键，然后再用鼠标逐个选择节点，选定之后按 Delete 键即可。

对于群组中图形对象上的节点，选择起来比较烦琐。先按住 Ctrl 键，然后单击需要增加 / 删除的节点，即可选中该节点。

3.4.6 合并和连接不连续的节点

操作详解：

（1）选中形状 ⯬ 工具，将要合并的节点拖到另外一个节点上面去。

（2）框选两个需要合并的节点。

（3）在属性栏中单击"连接两个节点" ⯬ 按钮，即可合并所选的两个节点。

将两个节点合并成一个节点的操作适用于同一条曲线上不连接的两个节点，也适用于截断过后的节点进行连接。

如果要以直线连接节点，那么使用形状 工具选中需要连接的两个节点，然后单击属性栏中的"延长曲线使之闭合" 按钮即可，如图 3-46 所示。

使用直接连接节点通常用于将两个端点用直线补起来，使开放的曲线成为封闭的曲线，这和以前介绍过的"曲线自动封闭功能"是一样的。

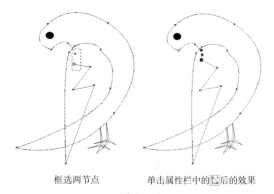

框选两节点　　　　单击属性栏中的 后的效果

图 3-46

3.4.7　将多条独立的线段合并成一条曲线

操作详解：

（1）使用挑选工具 选中需要合并的曲线，然后单击属性栏中的"连接两个节点" 按钮（也可按"Ctrl+L"键）将选取的曲线合并成一个图形对象。

（2）使用形状 工具选中需要连接的两个端点。

（3）在属性栏中单击"延长曲线使之闭合" 按钮或"闭合节点" 按钮，即可合并所选节点，从而将线段合并成曲线。

多条线段结合成一个对象时，各线段之间并没有连接。使用属性栏中的"延长曲线使之闭合" 按钮或"闭合节点" 按钮时，每次只能处理两条线段相邻的端点，这样一来，我们必须以每两个端点为一组的方式来处理，才能将线段连接起来。

3.4.8　断开曲线

断开曲线的情况有两种：一种是将曲线上的节点一分为二，在原节点的位置上再复制一个新的节点，这样产生的两个节点不连续，但是仍属同一曲线；另一种是曲线上产生两个完全不同的节点，也就是直接断开曲线。

直接断开曲线实际上是通过断开点的方式来实现的。

操作详解：

（1）使用挑选工具 在需要处理的曲线上双击，将切换到节点编辑模式（也可以直接使用形状 工具选中曲线上的节点），如图 3-47 所示。

（2）在要断开的位置或节点上单击选中该节点。

（3）在属性栏上单击"断开曲线"

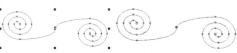

图 3-47

按钮,如图 3-48 所示。

（4）这时曲线已经成了两条断开
的螺旋线,如图 3-49 所示。

图 3-48　　　　　　　图 3-49

如果有多处节点需要断开,只要
将各节点选中后再执行断开的操作即
可。可以使用鼠标右键单击,然后从快捷菜单中选择"拆分";也可直接单击属性栏中的"断
开曲线" 按钮。

3.4.9　使用刻刀 工具裁切对象

使用刻刀 工具只能处理单一的对象,位图以及经过群组、渐变、轮廓化、立体化
处理的矢量图因为失去了单一性,所以不能用刻刀工具来处理。

封闭曲线经过刻刀 工具的处理就变成了两条封闭曲线,若原图形中应用了填充,
处理后将继续保持所有的填充效果。

操作详解:

（1）在工具箱中选中刻刀 工具,如图 3-50 所示。

（2）这时鼠标光标变成刻刀状,将其移到需要截断的位置（本例
为 A 点和 B 点）,分别单击鼠标左键。

图 3-50

（3）这时可以看见,五角星被截成了两条封闭的曲线,并且保持
原先填充的颜色,如图 3-51 所示。

配合属性栏中的"装订框" 按钮和"剪切时自动闭合" 按钮,可以得到不同的
截断效果。

如果需要将对象切割成相互独立的曲线,则不要启用属性栏中的"剪切时自动闭合"
按钮,如图 3-52 所示。

这里也可以使用拖动的方式来切割图形对象,这种方法在切割处会产生许多多余的
节点,并且得到不规则的截断面,如图 3-53 所示。

图 3-51　　　　　　图 3-52　　　　　　图 3-53

3.4.10　使用橡皮擦 工具裁切图形对象

使用橡皮擦 工具的操作详解:
（1）使用挑选工具 选中需要处理的图形对象。

（2）选择工具箱中的橡皮擦█工具。

（3）这时鼠标光标变成橡皮擦形状，拖动鼠标，即可擦除拖动路径上的图形，如图 3–54 所示。

（4）使用属性栏可以设置擦除工具的宽度，如图 3–55 所示。

图 3–54　　　　　　　　　　　　　　　图 3–55

注意： 使用橡皮擦█工具没有路径封闭的问题，处理后图形对象和处理前具有同样的属性。

橡皮擦█工具与刻刀█工具的不同之处在于：刻刀█工具是将对象的构成曲线截断，截断之后仍然保持外观不变；橡皮擦█工具则是彻底清除所到之处，从而改变了对象的外观。

同刻刀█工具一样，橡皮擦█工具同样不能作用于位图以及经过群组、渐变、轮廓化、立体化处理的矢量图。

3.5　本章操作技巧提示

（1）如果需要绘制正的多边形、圆形、螺旋曲线和网格纸，在选择矩形、多边形、圆形、螺旋曲线和网格纸工具后，在绘制时按住 Ctrl 键再拖动鼠标即可。

（2）在绘制几何图形时，按住 Shift 键，图形将会以鼠标拖动的起点为中点成形。

（3）在绘制几何图形时，按住 Shift+Ctrl 组合键，图形将会以鼠标拖动的起点为中点成正几何图形。

（4）使用形状█工具在曲线中单击以显示一个黑色圆点后，按下数字键盘上的"+"，可在此增加一个节点。

（5）使用形状█工具单击曲线上的节点后，按下数字键盘上的"–"，可删除此节点。

（6）使用形状█工具移动当前节点时，可按下 Ctrl 键以约束移动方向为水平或垂直方向。

3.6　技艺拓展

本节实例在于训练本章所学的绘图工具的熟练使用和综合运用。

3.6.1 贝塞尔∥工具实际操作练习

下面用一个综合实例来全面介绍贝塞尔∥工具的用法，通过这个简单的例子可以制作出一个漂亮的图形，同时大家也会加深对贝塞尔∥工具的了解。

操作详解:

（1）在工具箱中选中贝塞尔∥工具，在绘图页面的 A 处单击鼠标以确定绘图的起始节点。

（2）在 B 点单击，从而在 A、B 两点之间绘制出一条直线。

（3）接着在 B 点按住鼠标左键，拖动到 C 点松开鼠标。

（4）将鼠标移到 C 点，按住鼠标左键，拖动鼠标直到调整出如图 3-56 所示的效果为止。

（5）将鼠标移回 C 点，按住键盘上的 C 键，然后拖动鼠标，将控制线移到 D 点后松开鼠标。在 D 点单击，在 C、D 两点之间将会出现一条直线。

（6）在 D 点按住 C 键，拖动鼠标调整控制线的位置和长度。重复步骤（2）~步骤（5），绘制出另外一半的波状图形，如图 3-57 所示。

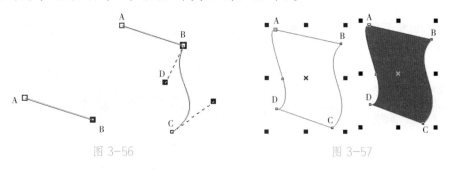

图 3-56   图 3-57

3.6.2 钻饰设计线稿——爱在深秋

钻饰设计线稿是首饰设计中的一种。下面，就以绘制情侣钻戒线稿为例，进行详细的绘制说明。

操作详解:

（1）新建一个图形文件。

（2）选择工具箱中的椭圆形○工具，在页面上绘制一个椭圆图形，效果如图 3-58 所示。

（3）选择工具箱中的钢笔▤工具，在椭圆作为辅助的基础上，通过描点的方法，绘制一条曲线，如图 3-59 所示。

（4）第二次选择钢笔▤工具，在椭圆内部通过描点的方法绘制一条曲线，如图 3-60 所示。

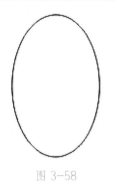
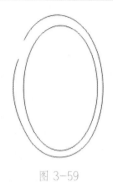

图 3-58   图 3-59   图 3-60

（5）再次选择钢笔✒工具，通过描点的方法，绘制如图 3-61 所示的效果。

（6）使用工具箱中的椭圆形○工具，并使用 Shift+Ctrl 组合键，绘制一个正圆，并调整位置如图 3-62 所示。

（7）使用钢笔✒工具，绘制一条曲线，调整其位置如图 3-63 所示。

图 3-61   图 3-62   图 3-63

（8）制作装饰材质，选择钢笔✒工具，绘制一条线段，并复制几条，将所有的线段位置调整如图 3-64 所示。

（9）将所有的图形和线条进行组合。选择"对象"|"组合"|"组合"命令组合图形。将群组后的图形复制一个并调整其大小，效果如图 3-65 所示。

（10）选择工具箱中的文本字工具，在页面上单击，输入"爱在深秋"，并调整其位置，然后和群组图形再一次组合，效果如图 3-66 所示。

图 3-64   图 3-65   图 3-66

3.6.3 绘制动漫实例组——空中遇险之少年与乌鸦造型线稿

一般的动漫绘制，在传统的绘制方法上都是用手绘的形式来完成的，但随着矢量绘图软件中各种绘图工具的功能日益强大，运用矢量绘图软件来进行动漫绘制的动漫画家和设计师占的比例将会越来越大。在 CorelDRAW 中进行动漫创作是非常方便的，它省却了手绘动漫时工具、颜料和绘画环境的准备过程，还可以在原稿上进行各种修改，而不会留下任何修改的痕迹，并且绘制完成的稿件还可以在 CorelDRAW 中直接输出和发布。下面，就以空中遇险之少年与乌鸦造型为例，进行动漫造型线稿的绘制。

> **注意：** 在绘制卡通时，首先要厘清绘画步骤以及整体的构思。

1. 少年造型——头部的绘制

操作详解：

（1）单击"文件"｜"新建"命令，新建一个图形文件。

（2）头发的绘制。选择工具箱中的钢笔工具，在绘图页面中单击以确定绘图的起始点，然后通过描点的方法进行绘制，如图 3-67 所示。直到完成造型后在起点位置处单击闭合曲线，如图 3-68 所示。

（3）面部的绘制。选择钢笔工具，在绘图页面中合适的位置单击确定绘图的起点，然后通过描点的方法进行绘制，如图 3-69 所示，直到完成造型后在起点位置处单击闭合曲线，如图 3-70 所示。

（4）从图 3-70 可以看出，此闭合曲线有不合理的地方。接下来通过曲线的调整以达到满意的效果。选择工具箱中的形状工具，在绘制的图形上单击，如图 3-71 所示，然后调整节点，效果如图 3-72 所示。

（5）嘴的绘制。选择钢笔工具，在绘图页面中合适的位置单击以确定绘制的起点，然后通过描点的方法进行绘制，如图 3-73 所示，直到完成造型后在起点位置处单击闭合曲线，如图 3-74 所示。

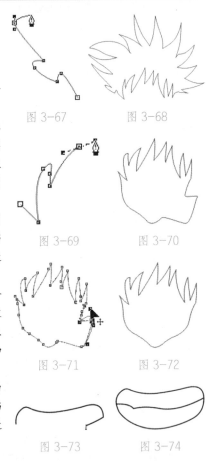

图 3-67　　　图 3-68

图 3-69　　　图 3-70

图 3-71　　　图 3-72

图 3-73　　　图 3-74

> **注意：** 如果觉得曲线中有不合适的地方就可以通过调整曲线的方法进行修改，直到图形效果达到满意为止。

（6）眼睛的绘制。选择工具箱中的椭圆形〇工具，在绘图页面中单击并拖动（在拖动的过程中按下 Ctrl 键）绘制一个圆，如图 3-75 所示。

（7）这样看上去和眼睛是有很大的区别的，然后选取工具箱中的挑选工具 ▶，选中圆形单击鼠标右键，在弹出的如图 3-76 所示的快捷菜单中选择"转换为曲线"命令（也可以通过单击"对象"|"转换为曲线"命令来实现）。

（8）接着选择形状 ▶ 工具，在转换成曲线的圆形上要添加节点的地方单击鼠标右键，在弹出的如图 3-77 所示的快捷菜单中选择"添加"，即可在曲线上添加一个节点，如图 3-78 所示。重复此操作，直到合适为止。

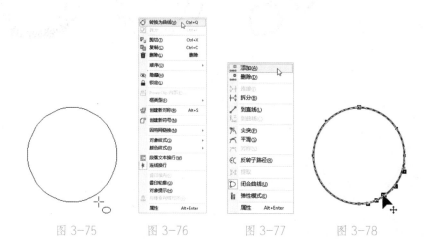

图 3-75　　　　图 3-76　　　　图 3-77　　　　图 3-78

（9）下面通过调整曲线的方法对圆形进行调整。仍然使用形状 ▶ 工具右击选中其中的一个节点，单击鼠标右键，在弹出的快捷菜单中通过"平滑""对称"等命令对其进行调整，最后的效果如图 3-79 所示。

（10）选择工具箱中的椭圆形〇工具，在绘图页面中单击并拖动（在拖动的过程中按下 Ctrl 键）绘制一个圆，如图 3-80 所示。

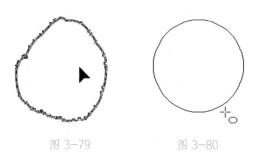

图 3-79　　　　　　图 3-80

> **注意：** 在以后的绘制中会经常用到这种曲线的调整方法，要熟练掌握，下面的绘制在这里就不再赘述了。

（11）选择钢笔 ◊ 工具，在绘图页面中合适的位置单击以确定绘制的起点，然后通过描点的方法进行绘制，如图 3-81 所示，直到完成造型后在起点位置单击闭合曲线。重复应用钢笔 ◊ 工具再绘制一个闭合的曲线，如图 3-82 所示。

（12）组合眼睛。使用挑选工具 ，在绘图页面中分别选择眼睛部件调整其位置，如图3-83所示。

（13）选择工具箱中的手绘 工具，在绘图页面中眼睛部位的下面绘制一条弯曲的曲线，如图3-84所示。

图3-81   图3-82   图3-83   图3-84

（14）同样的方法绘制另一只眼睛，如图3-85所示。

（15）眉毛的绘制。第五次选择钢笔 工具，在绘图页面中合适的位置单击以确定绘制的起点，然后通过描点的方法进行绘制，如图3-86所示，重复操作再绘制3条曲线，如图3-87所示。

图3-85   图3-86   图3-87

（16）耳朵的绘制。使用钢笔 工具在绘图页面中合适的位置处单击，以确定绘制的起点位置，然后通过描点的方法进行绘制，如图3-88所示，直到完成造型后在起始点的位置单击闭合曲线，如图3-89所示。

（17）下面对绘制的闭合曲线进行调整。选择工具箱中的形状 工具，在绘图页面中右键单击刚绘制的闭合曲线，在弹出的快捷菜单中通过添加、平滑、对称等命令对曲线的节点进行调整，如图3-90所示。

（18）用同样的方法绘制另一只耳朵，如图3-91所示。

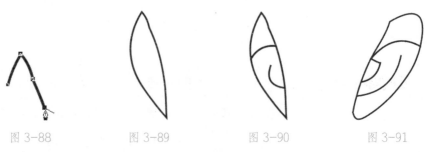

图3-88   图3-89   图3-90   图3-91

（19）鼻子的绘制。选择钢笔 工具，在绘图页面中合适的位置绘制几条曲线，如图3-92所示。

（20）组合各部件。选择工具箱中的挑选工具，分别选中绘图页面中绘制好的各部件并进行位置调整，如图3-93所示。

（21）单击菜单栏中的"文件"|"保存"命令，将绘制好的头部造型保存在计算机中，以备后用。

2. 身体的绘制

在绘制身体前首先分析一下怎样绘制才比较合理，同时要有一个清楚的思路，因为有一个清楚的思路、构思再绘制才能

图 3-92　　　　　图 3-93

得心应手。下面就先来分析一下如何绘制身体，这里把身体大致分为以下几个部分：上身、胳膊和手、下身、脚、衣服和腰带。先分别对这六个部分进行绘制，最后将其组合。

操作详解：

（1）单击菜单栏中的"文件"|"新建"命令，新建一个图形文件。

（2）上身的绘制。选择工具箱中的钢笔工具，在绘图页面中合适的位置单击以确定绘制的起点，然后通过描点的方法绘制图形，如图3-94所示，直到完成造型的绘制，在起点位置单击闭合曲线，如图3-95所示。

（3）胳膊和手的绘制。用钢笔工具在绘图页面中合适的位置单击以确定绘制的起点，如图3-96所示，直到完成造型的绘制，在起点的位置单击闭合曲线，如图3-97所示。

（4）同样的方法绘制另一只胳膊和手，如图3-98所示。

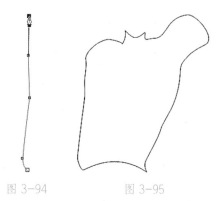

图 3-94　　　　　图 3-95

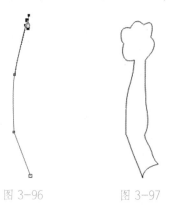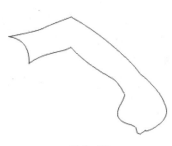

图 3-96　　　　图 3-97　　　　　图 3-98

（5）腿的绘制。第三次选择工具箱中的钢笔工具，在绘图页面中合适的位置单击

以确定绘制的起点，如图 3–99 所示，直到完成造型的绘制，在起点位置单击闭合曲线，如图 3–100 所示。

（6）脚的绘制。这里需要说明一下，因为此卡通图片外形是半跪动作，所以在绘制时要注意这一点。

（7）第四次选择工具箱中的钢笔工具，在绘图页面中合适的位置单击以确定绘制的起点，如图 3–101 所示，直到完成造型的绘制，在起点位置单击闭合曲线，如图 3–102 所示。

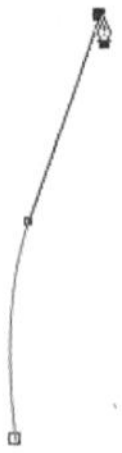
图 3–99

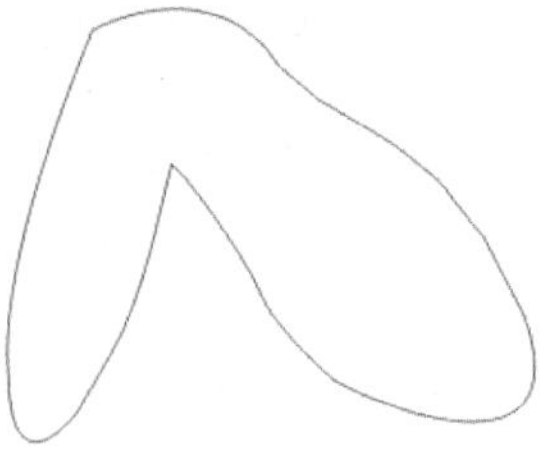
图 3–100

（8）用同样的方法绘制另一只脚，如图 3–103 所示。

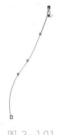

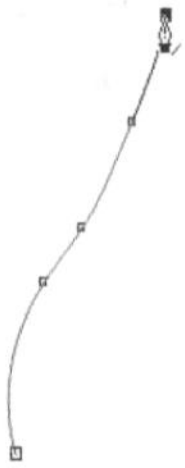
图 3–101

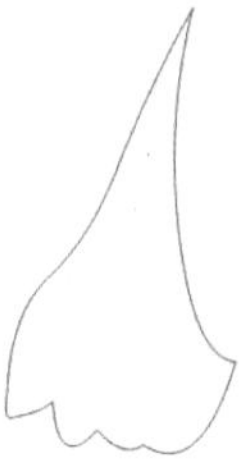
图 3–102

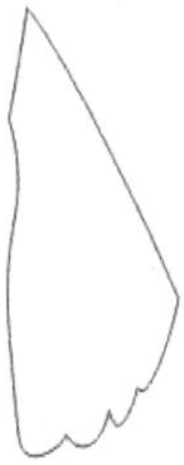
图 3–103

（9）衣服的绘制。第五次选择工具箱中的钢笔工具，在绘图页面中合适的位置单击以确定绘制的起点，如图 3–104 所示，直到完成造型的绘制，在起点位置单击闭合曲线，如图 3–105 所示。

（10）腰带的绘制。第六次选择工具箱中的钢笔工具，在绘图页面中合适的位置单击以确定绘制的起点，如图 3–106 所示，直到完成造型的绘制，在起点位置单击闭合曲线，如图 3–107 所示。

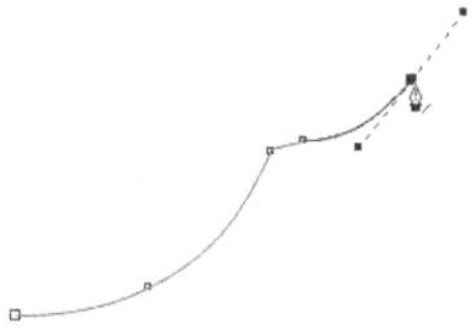
图 3–104

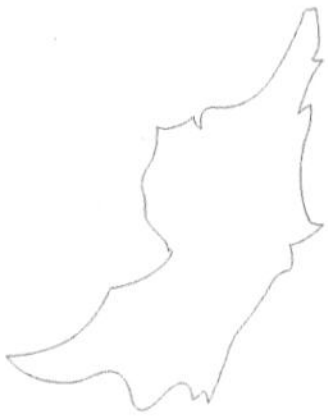
图 3–105

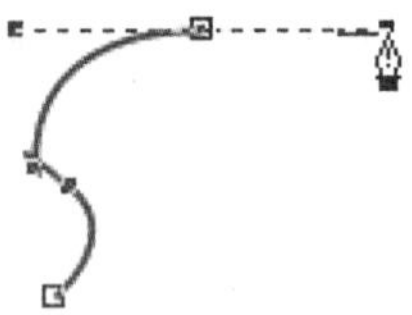
图 3–106

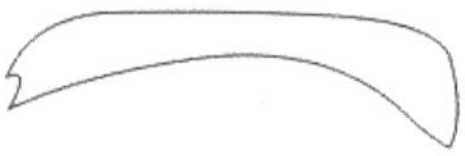
图 3–107

（11）组合身体部件。选择工具箱中的挑选工具，在绘图页面中分别选中绘制好的身体部件并调整其位置，如图 3–108 所示。可以将保存在电脑中的头部调入组合，如图 3–109 所示。

（12）单击菜单栏中的“文件”|“保存”命令，将绘制好的身体造型保存在电脑中，以备后用。

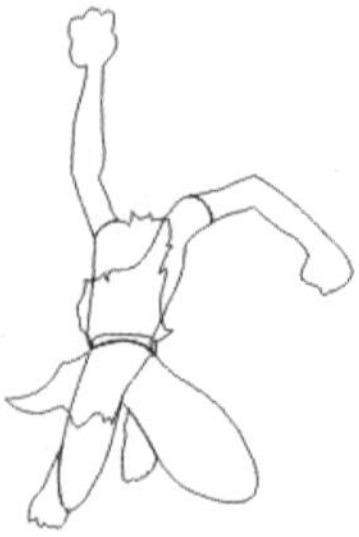
图 3–108

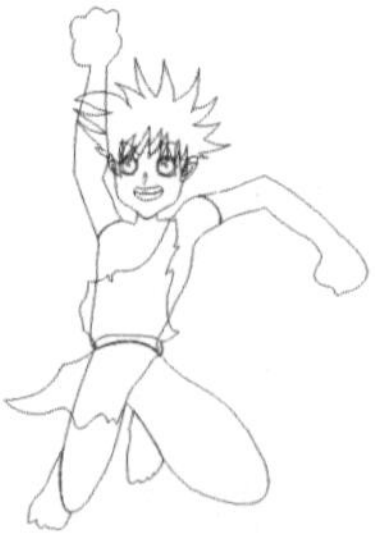
图 3–109

3. 乌鸦造型

操作详解：

（1）单击菜单栏中的"文件"|"新建"命令，新建一个图形文件。

（2）身体的绘制。选择工具箱中的钢笔 工具，在绘图页面中合适的位置单击以确定绘制的起点，如图3-110所示，直到完成造型的绘制，在起点位置单击闭合曲线，如图3-111所示。

（3）嘴的绘制。选择工具箱中的钢笔 工具，在绘图页面中合适的位置单击以确定绘制的起点，如图3-112所示，直到完成造型的绘制，在起点位置单击闭合曲线，如图3-113所示。

图3-110　　　　图3-111　　　　图3-112　　　　图3-113

（4）眼睛的绘制。选择工具箱中的椭圆形 工具，在绘图页面中适当的位置单击并拖动，在拖动的过程中按下Ctrl键，绘制两个大小不一的圆形，如图3-114所示。

（5）乌鸦的组合。选择工具箱中的挑选工具 ，在绘图页面中分别选中绘制好的对象并调整其位置，如图3-115所示。

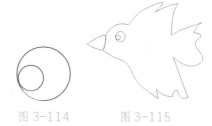

图3-114　　　　图3-115

3.6.4　为少年造型添加装饰物

说明：在本演练中为3.6.3节绘制的少年造型的手中添加一个气球。下面就来绘制气球。

操作详解：

（1）单击菜单栏中的"文件"|"新建"命令，新建一个图形文件。

（2）选择工具箱中的椭圆形 工具，在绘图页面中合适的位置单击并拖动，拖出如图3-116所示的椭圆图形。

（3）选择工具箱中的挑选工具 选中椭圆图形，单击鼠标右键，在弹出的快捷菜单中选择转换成曲线命令，将椭圆转换成曲线对象，如图3-117所示。

（4）接下来按照曲线的调整方法进行调整，效果如图3-118所示。

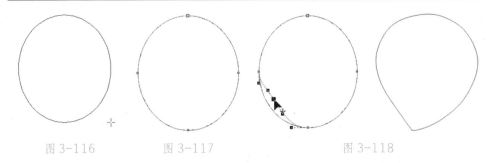

图 3-116　　　　图 3-117　　　　　　图 3-118

（5）选择工具箱中的钢笔工具，在绘图页面中合适的位置单击以确定绘制的起点，如图 3-119 所示，直到完成造型的绘制，单击起点位置闭合曲线，如图 3-120 所示。

（6）第二次选择工具箱中的钢笔工具，在绘图页面中合适的位置单击以确定绘制的起点，如图 3-121 所示，直到完成造型的绘制，在起点位置单击闭合曲线，如图 3-122 所示。

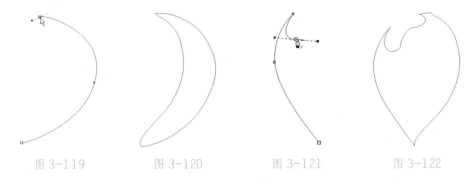

图 3-119　　　　图 3-120　　　　图 3-121　　　　图 3-122

（7）第三次选择工具箱中的钢笔工具，在绘图页面中合适的位置单击以确定绘制的起点，如图 3-123 所示，直到完成造型的绘制，在起点位置单击闭合曲线，如图 3-124 所示。

（8）用同样的方法在绘制两个闭合曲线如图 3-125 所示。然后将三个闭合曲线组合在一起，如图 3-126 所示。

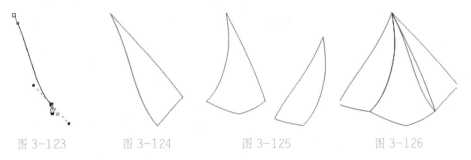

图 3-123　　　　图 3-124　　　　图 3-125　　　　图 3-126

（9）选择工具箱中的贝塞尔工具，在绘图页面中合适的位置单击以确定绘制的起点，通过描点的方法绘制一条弯曲的曲线，如图 3-127 所示。

（10）接着选择工具箱中的椭圆形工具，在绘图页面中合适的位置通过拖动方法绘制一个椭圆并将其进行调整，如图 3-128 所示。

（11）组合气球。选择工具箱中的挑选工具 ，在绘图页面中分别选中刚绘制的对象调整其位置，如图 3-129 所示。

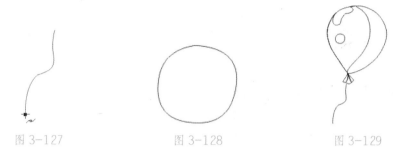

图 3-127　　　　　　　图 3-128　　　　　　　图 3-129

（12）单击菜单栏中的"文件"|"保存"命令，将绘制好的气球造型保存到计算机中，以备后用。

（13）整体组合。单击菜单栏中的"文件"|"新建"命令，新建一个图形文件。

（14）导入部件。单击菜单栏中的"文件"|"导入"命令，如图 3-130 所示。将绘制好的头部、身体和装饰物导入到新建文件中。

（15）将导入的各部件进行位置调整，如图 3-131 所示。然后保存文件。

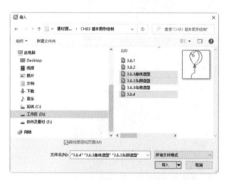

图 3-130　　　　　　　　　　　　　图 3-131

3.7　本章回顾

本章以理论与实践并举的形式，来解析 CorelDRAW 2020 的绘图操作和实操技巧。

了解和掌握 CorelDRAW 中各种绘图工具，是在 CorelDRAW 中进行一切图形制作和设计的前提。是否可以使用绘图工具绘出自己需要的图形，它可以直接影响设计构思的准确表达。

所以，尽快熟练掌握 CorelDRAW 中各种绘图工具的使用，它将是进入 CorelDRAW 图形设计之路的开端。

第 4 章

颜色填充与应用

- 学习 CorelDRAW 2020 的颜色基本填充方法
- 学习 CorelDRAW 2020 的渐变填充方法
- 学习 CorelDRAW 2020 的图样填充方法
- 学习 CorelDRAW 2020 的轮廓颜色设置
- 学习 CorelDRAW 2020 的网状填充方法
- 学习 CorelDRAW 2020 的颜色滴管工具和漆桶工具的使用方法

学习要点和本章导读

　　本章完全解析了 CorelDRAW 2020 的颜色与图案填充规则，并详细介绍了轮廓线的设置方法，还对颜色设置技巧作出了总结，最后以实例演练的形式对各项颜色设置的综合应用进行了实际操作。通过本章的学习，可以对 CorelDRAW 2020 工作环境有一个初步的了解。

4.1　基本填充

在 CorelDRAW 2020 中，颜色填充包括外部轮廓和对象内部的上色。外部轮廓只能填充单色；对象内部可以填充单色、渐变色以及其他的填充方式。绘图时主要是线条和颜色的相互搭配，一幅优秀的作品除了有好的构图，合适的颜色填充也是很重要的。

4.1.1　从调色板中选取颜色

操作详解：

（1）使用挑选工具选中需要填充的对象。

（2）在调色板中所需的色块上单击左键，即可完成对象内部的填充，如图4-1所示。

（3）保持五角星的选取状态，在调色板所需的色块上单击鼠标右键，可以给对象的外部轮廓线上色，如图4-2所示。

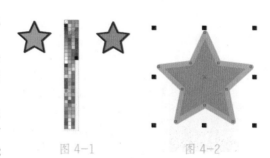

图 4-1　　　　　　图 4-2

> **注意：** 填充要点，左键填充内部；右键填充轮廓。如果选中"无填充"色块，可取消颜色的填充。

使用调色板之前可以调整调色板的显示方式，读者可以根据自己的习惯来使用。

操作详解：

（1）在调色板的色块上按住鼠标右键，一两秒后松开鼠标，将会弹出一个快捷菜单，如图4-3所示。

（2）在弹出的快捷菜单中选择"自定义"。即可在"选项"对话框的"调色板"设置区将"停放后的调色板最大行数"调成3，如图4-4所示。

图 4-3　　　　　　图 4-4

4.1.2　使用"颜色"泊坞窗填充

颜色泊坞窗是极方便的填充辅助工具。在工具箱中的填充工具属性栏中单击"填充色"下拉按钮即可打开该泊坞窗，如图4-5所示。

下面介绍"颜色"泊坞窗的具体设置方法。

使用颜色泊坞窗填充的操作详解：

（1）选中对象，打开颜色泊坞窗。

（2）设置各种参数，然后在颜色模型中选中所需颜色。

（3）如果需要填充对象的内部，单击"填充色"按钮即可；如果需要更改轮廓线的颜色，选中对象，然后使用Shift+F12组合键调出"选择颜色"对话框，单击要用来填充轮廓的色块，然后单击"OK"（确定）按钮即可，如图4-6所示。

图 4-5　　　　　　　　　　　　　　图 4-6

4.1.3　色彩模式与颜色模型

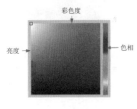

图 4-7

色彩模式是文件记录颜色信息所有的"色彩模型"。系统默认的色彩模式是"HSB-色相基准"，同时这也是Adobe Photoshop拾色器所用的色彩模式。这种色彩模式受到大家的青睐是因为它是一种最容易理解和使用的色彩模式。它用色相、彩度和亮度来构成一个立体的球状色彩结构，球中包括了几乎所有自然界的颜色，如图4-7所示。

4.1.4　自定义专用的调色板

将自己最常用的颜色放在自己专用的调色板中，可以极大地提高操作效率，节省大量的时间。高级绘图者应首先考虑绘图的需要确定出需要的颜色，然后将这些颜色放在同一个调色板中。

可以在CorelDRAW提供的调色板基础上逐步添加自定义的颜色，也可以直接创建新的调色板。根据使用经验，建议将常用的颜色建立一个专门的调色板，操作详解：

（1）执行菜单"窗口"|"调色板"|"调色板编辑器"命令。

（2）在"调色板编辑器"对话框的工具栏中单击"新建调色板" 按钮，如图4-8所示。建立一个新的调色板。

（3）在如图4-9所示的对话框中选择存储的位置，然后输入新调色板的名称，填写简短的描述，然后单击"保存"按钮回到"调色板编辑器"对话框中，此时的调色板色块为空。

（4）这时需要做的事就是使用"添加颜色"按钮逐个添加

图 4-8　　　　　　　　　　　　　　图 4-9

调色板中的色彩，如图4-10所示。

（5）单击"添加颜色"按钮，弹出"选择颜色"对话框，如图4-11所示。

（6）选择颜色后，单击"OK"（确定）按钮即可将其添加到调色板中去。

（7）调色板的各种颜色完成后，单击"OK"（确定）按钮关闭对话框。

调色板中色块的排列是按照加入的先后次序设定的。单击"将颜色排序"，在弹出的下拉列表中选择相应选项，可以更改色块的排列顺序，如图4-12所示。

图4-10   图4-11   图4-12

另外一个新建调色板的方法是：首先选中已经编辑好的图像，然后执行菜单"窗口"|"调色板"|"从文档中创建调色板"命令，将会弹出"新建调色板为"对话框，设置一些存储参数后即可将新色盘保存起来。这样做的好处是可以迅速得到自己想要的颜色，加快绘图效率。

如果只是需要将绘图页面中一部分对象的色彩放入调色板，首先选中这些对象，然后执行"窗口"|"调色板"|"从选定内容中添加颜色"菜单命令即可。

4.1.5　使用自定义的调色板

执行"窗口"|"泊坞窗"|"调色板"菜单命令，出现"调色板"泊坞窗。在该泊坞窗中用户可以选定刚建立的调色板，如图4-13所示。

实际上，用户还可以在该泊坞窗中选择系统自带的调色板。在树形目录列表中选择调色板所在的颜色类型，然后选中调色板前面的复选框即可。通过上面的4个工具按钮同样可以实现修改、新建调色板的操作。

图4-13

4.2　渐变填充

渐变填充在CorelDRAW中是一种非常重要的表现技巧，对象凹凸不平的表面、光线阴影的变化以及视觉上的立体效果都可以使用颜色的渐变来表示，如图4-14所示。通过这一节的介绍希望读者能够掌握这门绘画技巧。

图4-14

4.2.1 使用交互式填充工具◇和属性栏制作渐变填充

CorelDRAW 中预设的渐变颜色是从黑到白的线性渐变，如图 4-15 所示。如果对象已经填充了色彩，那么所添加的颜色就是渐变的开始颜色。

使用挑选工具▶选中对象后，在工具箱中单击交互式填充工具◇，进入填充模式。这时就可以直接使用鼠标拖动（必要时配合属性栏）来做渐变填充，也可以单独使用属性栏。

1. 使用属性栏填充对象

操作详解:

（1）使用挑选工具▶选中对象后，在工具箱中单击交互式填充工具◇，进入填充模式。

（2）在属性栏中先单击"渐变填充"▣按钮，然后选择"线性渐变"▤按钮，选中的对象即填充了预设的线性渐变填充颜色，如图 4-16 所示。

（3）在点开"节点颜色"设置框中可以选择渐变填充的开始颜色与结束颜色，如图 4-17 所示。

（4）在属性栏中可以选择渐变的类型，可选的有线性渐变、椭圆形渐变、圆锥形渐变和矩形渐变，如图 4-18 所示。

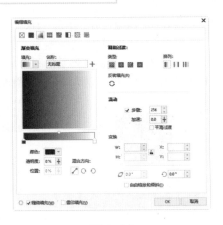

图 4-15

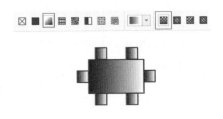

图 4-16

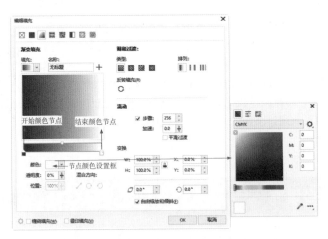

图 4-17

（5）在属性栏的▭▭文本框中可以更改渐变的中间点。其他参数顺时针 / 逆时针旋转、倾斜、填充宽度、加速等都可以按照绘图的要求自行选择，在"编辑填充"对话框中进行设置，如图 4-19 所示。

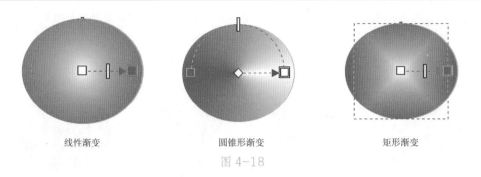

| 线性渐变 | 圆锥形渐变 | 矩形渐变 |

图 4-18

注意： 在修改渐变层次之前必须首先解除锁定，单击对象属性栏中的🔒按钮即可。

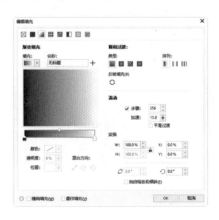

图 4-19

注意： 射线渐变、方形渐变的结束颜色位置于对象的中心点。

2. 使用交互式填充🖌工具制作渐变填充

使用交互式填充工具🖌来填充对象是最快速的渐变填充方法。选中该工具后，用户可以直接通过鼠标拖动来控制对象的渐变填充。既然是互动式的操作，那么在操作时即可看见对象颜色的变化，即所谓的"所见即所得"。但是，如果需要更改填充的起始颜色和结束颜色，就必须借助属性栏的设置。

操作详解：

（1）选中图形对象，在工具箱中选中交互式填充工具🖌。

（2）在起始色彩的位置按住左键，拖动鼠标，在合适的位置松开鼠标。可以在拖动的过程中控制角度、边缘宽度、位置偏移等渐变属性，如图 4-20 所示。

（3）拖动中间点可以调整渐变颜色的分布。也可以通过拖动起始颜色和结束颜色来改变渐变角度和边缘宽度，如图 4-21、图 4-22 所示。

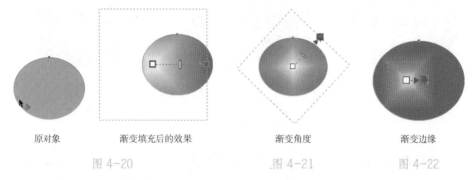

原对象   渐变填充后的效果   渐变角度   渐变边缘

图 4-20   图 4-21   图 4-22

（4）也可以通过拖动虚线来控制颜色渐变与对象之间的相对位置，如图 4-23 所示。

使用鼠标来制作渐变填充的操作很简单。如果要制作线性渐变、圆锥形渐变、方形渐变，只要在属性栏中选择相应的功能即可。切换后的圆锥形渐变和方形渐变的结束色彩位置将会自动对齐对象的中心点，如图 4-24 所示。

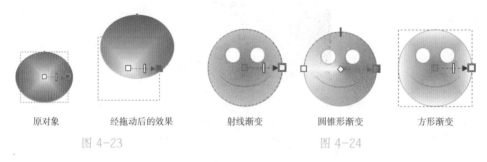

原对象   经拖动后的效果   射线渐变   圆锥形渐变   方形渐变

图 4-23   图 4-24

同样可以使用鼠标互动式修改圆形、圆锥形和方形渐变填充，操作同样方便、简洁。

方形渐变填充的最大填充范围是对象长度或者宽度的最大度量，如果长、宽不相等，那么方形渐变的最大范围就是长度、宽度中的最大值。

4.2.2 制作渐变填充的特殊效果

下面范例制作的渐变填充效果是 CorelDRAW 中很常见的应用，而且制作起来并不复杂。首先填充基本的渐变颜色，然后将变化的颜色通过拖动的方式填充上去就可以了。

操作详解：

（1）选中对象，然后使用交互式填充工具 ◇ 在对象上填充基本的圆锥形渐变。

（2）从调色板中拖动白色色块到对象的渐变方向标志虚线上，在需要增加颜色的位置上松开鼠标，如图 4-25 所示。

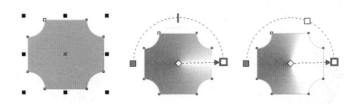

图 4-25

（3）然后用同样的方式将其他色块拖到所需的位置，同时将结束颜色换成同样的颜色即可，如图 4-26 所示。

从调色板上拖动色块的操作方式不仅可以增加渐变颜色，如果直接将色块拖动到色块图示上，还可以完成换色的操作。如果需要删除某种颜色的色块，在该色块上单击右键即可。

图 4-26

> **提示：** 通过属性栏将文字转换成曲线；做线性渐变填充；从调色板拖动颜色色块到线性渐变的控制虚线上。

4.2.3　HSB 颜色模型的"色相"

HSB 模型描述的颜色最接近人眼的观察效果，它是以色相、亮度和饱和度颜色的 3 种特性来制定颜色。其中 H 代表（Hus）色相、S 代表（Saturation）饱和度、B 代表（Brightness）亮度。

将 RGB 三原色设置在正三角形的端点，中间插入各种原色的互补色，然后将各种颜色用渐变的颜色串接起来就成了色相环，如图 4-27 所示。

颜色模型是三维的立体化结构，对于初学者来说要掌握各种颜色在模型内的位置比较困难。

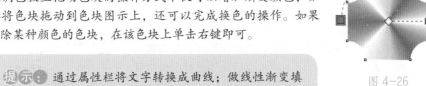

图 4-27

要掌握这一点，最根本的方法是彻底弄清颜色模型的结构。本书后面还要介绍一些于 HSB 颜色模型有关的颜色调整功能，请读者首先熟悉 HSB 颜色模型的使用。

4.2.4　彩虹渐变

彩虹渐变填充是双色渐变填充的一种特例。这种填充是以 HSB 色彩模式为基础，按顺时针／逆时针方向来分布渐变填充的颜色。

操作详解：

（1）选中对象后，首先使用交互式填充工具 作渐变填充。

（2）单击属性栏中的"编辑填充" 按钮进入渐变填充对话框中设置即可，如图 4-28 所示。

图 4-28

4.2.5 填充样式——高效使用渐变填充

CorelDRAW 2020 提供了颜色填充样式的存储功能。在绘图中，用户只要设置一次成功的渐变填充，然后将其保存起来，在以后的绘图中，即可直接使用这种已经设置好的渐变填充。

使用颜色填充样式的操作详解：

（1）选中需要填充的对象，按 F11 键打开"编辑填充"对话框，如图 4-29 所示。

（2）打开"填充挑选器"下拉列表框，然后直接选择预设的渐变填充样式即可。从列表下方的方框中可以预览渐变填充的效果，如图 4-30 所示。

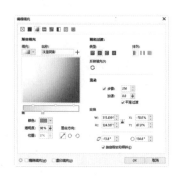

图 4-29

操作详解：

（1）进入"编辑填充"对话框，如图 4-31 所示。

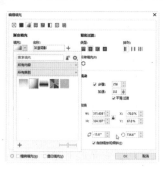

图 4-30

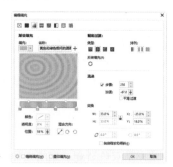

图 4-31

（2）在色带上单击鼠标并确定色块位置，然后单击下方的"节点颜色" ![按钮] 按钮，在打开的颜色设置对话框中选择该点的颜色，然后单击右上角的 ✕ 按钮关闭该颜色设置对话框。这样可以添加多个填充颜色，如图 4-32 所示。

（3）单击名称栏右侧的"+"按钮，在打开的"创建自定义渐变填充"对话框的"标题栏"中输入该填充样式的名称，如"黄绿蓝圆圈"，然后单击"保存"按钮，即可将刚才编辑的渐变填充添加到样式列表中，如图4-33所示。

图4-32   图4-33

4.3 图样填充

图样填充、纹理填充和PostScript填充是CorelDRAW 2020最出色的填充功能。系统自带的图案和材质样式成百上千，使得编辑出的效果远超矢量图处理的基本范畴。掌握这些特殊填充方法，可以超越传统矢量绘图画面单调的缺陷，可以做出更炫更酷的效果，如图4-34所示。

图样填充   底纹填充 PostScript填充

图4-34

单击填充属性栏中的"编辑填充"按钮，可以在弹出的"编辑填充"对话框中进行相应填充类型的各种编辑操作。

4.3.1 用交互式填充工具填充图样、底纹

使用交互式填充工具填充图样、底纹填充的操作步骤和设置方法基本相同，这里放在一起介绍。

操作详解：

（1）选择工具箱中的交互式填充工具。

（2）选中需要填充的对象。

图4-35

（3）在属性栏中的填充类型列表中选择向量图样填充、位图图样填充、双色图样填充、底纹填充或PostScript填充，如图4-35从左到右所示按钮。

（4）选择填充样式：单击"填充挑选器"按钮，然后从列表框中选择一种填充样式，如图4-36所示。

（5）建立填充后，可以通过拖动填充控制线调整图案或者材质的尺寸大小，如图4-37所示。

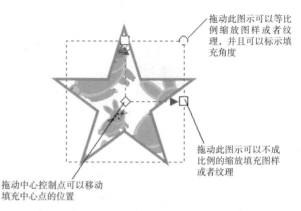

拖动此图示可以等比例缩放图样或者纹理，并且可以标示填充角度

拖动此图示可以不成比例的缩放填充图样或者纹理

拖动中心控制点可以移动填充中心点的位置

图 4-36   图 4-37

4.3.2 用属性栏设置"底纹填充"

用属性栏设置的材质填充过程如图 4-38 所示。

底纹库样式的种类   将对象变化应用于填充   打开"底纹填充"对话框以进一步编辑

图 4-38

4.3.3 PostScript 填充

PostScript 图案是一种特殊的图案，使用限制很多；只能在具有 PostScript 解释能力的打印机中才能被打印出来；在"增强视图"模式下显示出来；非常占用系统资源，慎用这种填充方式，如图 4-39、图 4-40、图 4-41 所示。

图 4-39

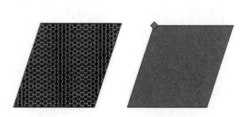

图 4-40   图 4-41

4.4　轮廓颜色设置

轮廓线是构成对象的主要元素，在操作中可以设置对象的粗细、样式和角度等轮廓线属性。对象轮廓线的编辑和颜色的填充同样是 CorelDRAW 中最重要的绘图操作。

4.4.1　轮廓线的粗细

使用轮廓笔对话框可以轻松地设置轮廓线的粗细，线条粗细设置的最大范围是 36 英寸，如图 4-42 所示。

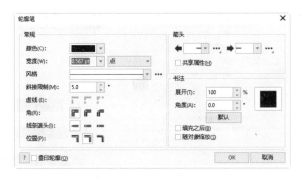

图 4-42

操作详解：

（1）选中需要处理的对象，然后按 F12 键打开"轮廓笔"对话框。

（2）在该对话框中的"宽度"文本框中即可直接输入所需的轮廓宽度。还可以选择轮廓线的颜色、箭头类型等。

在工具箱中预设了 14 种固定的轮廓线宽度，如图 4-43 所示。值得注意的是，选中无轮廓和选中色盘中的无填充的效果一样，但是后者的操作简便得多。

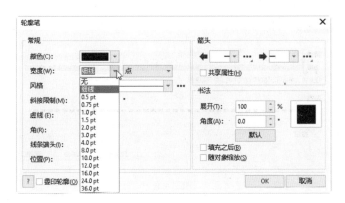

图 4-43

在默认的情况下，对象轮廓线的颜色显示在内部填充颜色的外面，如果选中"填充之后"复选框，对象轮廓线的颜色将会移动到内部填充的颜色之后。

4.4.2　设置轮廓线的线型

打开"轮廓笔"对话框之后，可以在"风格"下拉列表框中选择所用的线条样式，如图 4-44 所示。

在出版行业，简报的分割线通常是使用虚线构成的，如图 4-45 所示。

选用不同的线条端头可以得到不同的轮廓线线型，如图 4-46 所示。

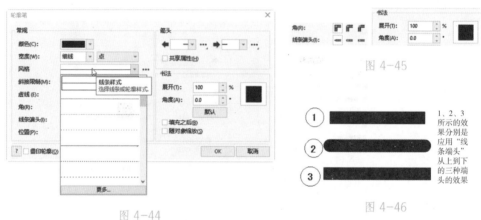

图 4-44

图 4-45

图 4-46

改变"角"的类型：斜接角 ⊓、圆角 ⊓ 或斜切角 ⊓，即可更改笔尖的外形。

4.4.3　编辑轮廓线样式

进入"轮廓笔"对话框后，单击"风格"后面的"设置" ••• 按钮即可进入"编辑线条样式"对话框，如图 4-47 所示。

图 4-47

操作详解：

（1）拖动█到适当位置，可以控制虚实线之间的距离。

（2）在需要呈现实心点的地方单击左键。单击实心点，即可清除该点。

（3）单击"添加"按钮，即可将编辑的虚线样式添加到"样式"下拉列表框中。

如果要编辑已存在的轮廓线样式，首先在"轮廓笔"对话框中的"样式"列表框中选中该样式，然后单击"设置" ... 按钮进入"编辑线条样式"对话框。编辑完成后单击"替换"按钮即可，如图4-48所示。

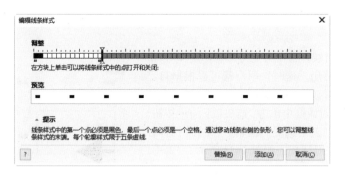

图 4-48

对于普通对象或者封闭曲线来说，选中后再通过属性栏中快速地设置轮廓线的样式。

4.4.4　设置轮廓线转折处的粗细变化

在"轮廓笔"对话框中，可以使用"角"设置区、"线条端头"设置区、"位置"设置区、"展开"文本框和"角度"文本框来设置轮廓线在转折处的变化，如图4-49所示。

图 4-49

"展开"文本框可以用来设置轮廓线线条的粗细变化，预设线型是正方形（展开参数为100%）；"角度"文本框的作用是旋转轮廓线的笔型，系统预设为0。正值为逆时针方向旋转，负值为顺时针方向旋转。

如果轮廓线"宽度"设置为了"轮线"，那么展开和角度的设定将变得毫无意义。轮廓线线型太细，就无法在绘图中体现这些细微的设置。

4.4.5　为线条加上箭头

在"轮廓笔"对话框中还可以给轮廓线选择起始箭头。在"箭头"下拉列表框中有许多系统自带的箭头样式，如图4-50、图4-51所示，左边用来选择线条的起始箭头，右边用来设置终点箭头。

如果已经错误设置了起始箭头和终点箭头，单击 ... 按钮，从下拉菜单中选择"对换"即可，如图4-52所示。

71

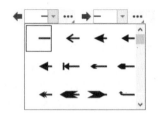

图 4-50   图 4-51   图 4-52

4.4.6　编辑箭头样式

　　在绘图的时候，常常会觉得 CorelDRAW 自带的箭头样式不够用，这时，用户就可以根据自己的需要来编辑修改箭头的形状。按 F12 键，在打开的"轮廓笔"对话框中单击"箭头"下的 ··· 按钮，在弹出的下拉列表中选择"编辑"，然后就打开了"箭头属性"对话框，如图 4-53 所示。

操作详解:

　　（1）按 F12 键打开"轮廓笔"对话框，在"箭头"下拉列表中选中需要修改的箭头样式。

　　（2）单击"箭头"下的 ··· 按钮，在弹出的下拉列表中选择"编辑"，在打开的"箭头属性"对话框中，即可编辑选中的箭头样式。

图 4-53

　　（3）如果希望创建新的箭头样式，在前面的如图 4-52 中选择"新建"项即可。

4.4.7　制作箭头样式

　　用户可以制作特殊的箭头样式，已经绘制好的单一图形对象都可以用作箭头。值得注意的是，经过效果处理（滤镜、立体化、轮廓线图、精确裁剪、渐变）的对象因为失去了单一性，所以不能用作箭头。

　　制作箭头的方法并不复杂，操作详解:

　　（1）绘制出满意的图形对象，保持对象的选取。

　　（2）执行菜单"对象"|"创建"|"箭头"命令即可，如图 4-54 所示。

　　新建的箭头出现在"轮廓笔"对话框"箭头"下拉列表的最后面。可以进行"编辑箭头"对话框调整箭头的大小和位置。

图 4-54

4.5　网状填充工具

网状填充工具是 CorelDRAW 的强力填充工具。使用这一工具，可以轻松构筑复杂多变的网状填充效果，同时也可以将每个网点填充上不同的颜色并且定义颜色填充扭曲方向。

下面通过用一个实际的例子来获得对该工具的感性认识。

操作详解：

（1）绘制一个需要网状填充的图形对象。这个对象一定要具有封闭的曲线。这里选择椭圆形工具，在绘图页面绘制出一个椭圆。利用属性栏中的"转换为曲线"按钮将其转换成曲线，如图 4-55 所示。

（2）在工具箱中选定网状填充工具。在属性栏中将网格数目设置成 3×3，如图 4-56 所示。

图 4-55

图 4-56

（3）单击需要填充的节点，然后在调色板中单击需要的颜色为节点填充该颜色。依次操作即可为所有的节点填充上喜欢的颜色，如图 4-57 所示。

（4）选中节点后，拖动节点周围的控制点可以扭曲颜色填充的方向，如图 4-58所示。

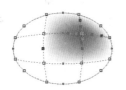

图 4-57　　　　　　　　　　　　　　图 4-58

4.6　颜色滴管工具和漆桶工具

使用颜色滴管工具和漆桶工具，可以在绘图页面的任何图形对象上面取得所需的颜色，并且可以任意次数地使用漆桶工具填充这种颜色。这种操作在以前是重复而烦琐的。

4.6.1 颜色滴管工具

使用颜色滴管🖊工具可以从任何对象上面取得所需的颜色，包括位图和矢量图，获取的颜色是基本色（不是渐变色）。下面用一个实际的例子来介绍这种工具的使用。

操作详解：

（1）按下 Ctrl+I 组合键，输入所需的位图到页面中，如图 4-59 所示。

（2）在工具箱中选中颜色滴管🖊工具，然后在属性栏中设置滴管的取色方式，如图 4-60 所示。

（3）使用鼠标单击所需的颜色，颜色立即被选取，如图 4-61 所示。

图 4-59   图 4-60   图 4-61

4.6.2 漆桶💧工具

使用滴管工具取得颜色后，使用漆桶工具💧可以将颜色填充到图形对象上。接下来通过一个实例来介绍漆桶工具的使用。

这里要注意的是，CorelDRAW 2020 的工具箱中已经找不到漆桶工具💧了，要使用该工具，必须在工具箱中单击颜色滴管🖊工具，然后按 Shift 键将其转换为漆桶工具💧。

操作详解：

（1）绘制一个矩形，如图 4-62 所示。

（2）在工具箱中单击颜色滴管🖊工具，然后按 Shift 键将其转换为漆桶💧工具，将光标移到矩形上，单击矩形即可填充上颜料桶中选取的颜色，如图 4-63 所示。

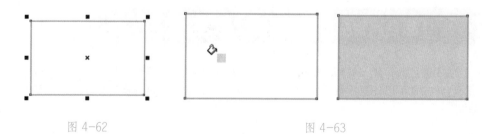

图 4-62   图 4-63

4.7 技艺拓展

4.7.1 乌鸦造型线稿的上色

操作详解：

（1）单击菜单"文件"|"打开"命令，如图 4-64 所示，将"乌鸦造型"图形文件打开，如图 4-65 所示。

（2）选择工具箱中的挑选工具，在绘图页面中选中乌鸦身体，将其填充色设为"黑色"，如图 4-66 所示。

图 4-64　　　　　　　　　　　图 4-65

（3）使用挑选工具，在绘图页面中选中乌鸦的眼睛，将其填充色设为"黑色"，如图 4-67 所示。

图 4-66　　　　　　　　　　　图 4-67

（4）使用挑选工具，在绘图页面中选中乌鸦的嘴，将其填充色设为"C：0、M：20、Y：60、K：0"，轮廓线的宽度为（0.035厘米），轮廓线的颜色为"黑色"，如图 4-68 所示。

4.7.2 为绘制少年动漫造型线稿上色

图 4-68

操作详解：

（1）单击菜单栏中的"文件"|"打开"命令，将"造型 1"图形文件打开，如图 4-69 所示。

（2）气球颜色的填充。选择工具箱中的挑选工具，在绘图页面中选择如图 4-70 所示的气球局部。如果在保存此文件时将其设为群组，那么在进行填充操作前先要将其取消群组，使用挑选工具将其选中，单击菜单"对象"|"组合"|"取消组合"命令。

（3）选择工具箱中的交互式填充工具 ◇，在属性栏中单击"均匀填充"，然后单击"编辑填充" ⑧按钮，在弹出的"均匀填充"对话框中设置其参数，如图 4-71 所示（颜色值为：C：0、M：80、Y：60、K：0）。

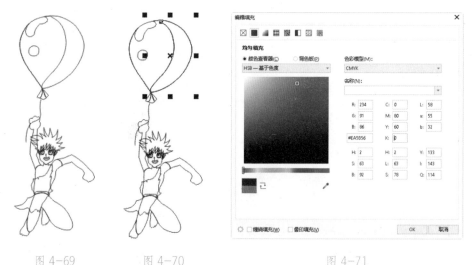

图 4-69   图 4-70   图 4-71

（4）填充后的效果如图 4-72 所示。按 F12 在弹出的"轮廓笔"对话框中将"宽度"设为"无"，如图 4-73 所示。

图 4-72   图 4-73

（5）使用同样的方法将气球左半部分选上，然后将其填充为"弱粉"，轮廓宽度值设为"无"，如图 4-74 所示。选择其中的小椭圆，将其颜色值设为"白色"：轮廓宽度值设为"无"，如图 4-75 所示。

（6）选择工具箱中的挑选工具 ▶，在绘图页面中选择如图 4-76 所示的部分，然后将其填充颜色设为"无"，轮廓宽度设为"0.035 厘米"、轮廓的颜色设为"黑色"，填充后的效果如图 4-77 所示。

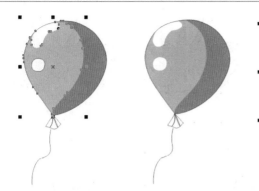 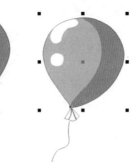 

图 4-74   图 4-75   图 4-76   图 4-77

（7）选择工具箱中的挑选工具🖰，在绘图页面中选择如图 4-78 所示的部分，然后将其填充颜色设为"弱粉"，轮廓宽度设为"0.035 厘米"、轮廓的颜色设为"黑色"，填充后的效果如图 4-79 所示。

（8）用同样的方法将右边的两个闭合曲线的填充颜色设为"C：0、M：80、Y：60、K：0"，轮廓宽度设为"0.035 厘米"、轮廓的颜色设为"黑色"，如图 4-80 所示。将气球线的宽度设为"0.035 厘米"、颜色为"黑色"。

 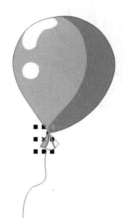 

图 4-78   图 4-79   图 4-80

（9）头发的填充。选择工具箱中的挑选工具🖰，将头发选中，然后将其颜色值设为"C：80、M：0、Y：80、K：20"，轮廓宽度设为"0.035 厘米"、轮廓的颜色设为"黑色"，如图 4-81 所示。

（10）面部的填充。选择工具箱中的挑选工具🖰，将头发选中，然后将其颜色值设为"沙黄"，轮廓宽度设为"0.035

图 4-81

厘米"、轮廓的颜色设为"黑色",如图4-82所示。(注意层与层之间位置的调整)

(11)耳朵的填充。其填充设置同面部一样,如图4-83所示。

(12)眼睛的填充。选择工具箱中的挑选工具，将正圆选中,如图4-84所示,然后将其颜色值设为"黑色",轮廓宽度设为"无",如图4-85所示。

图4-82

图4-83

图4-84

图4-85

图4-86

图4-87

(13)同样的方法,完成眼睛填充的设置,最后效果如图4-86所示。

(14)眉毛、嘴和鼻子的填充。选择工具箱中的挑选工具，在绘图页面中分别选中眉毛、嘴和鼻子曲线,然后分别将其填充色设为"无",轮廓线宽度设为"0.035厘米"、轮廓颜色设为"黑色",填充后的效果如图4-87所示。

(15)身体的填充。选择工具箱中的挑选工具，在绘图页面中选中身体部分,将其填充色设为"沙黄",轮廓宽度设为"0.035厘米"、轮廓的颜色设为"黑色",填充后的效果如图4-88所示。

(16)脚的填充。选择工具箱中的挑选工具，在绘图页面中选中脚,将其填充色设为"沙黄",轮廓宽度设为"0.035厘米"、轮廓的颜色设为"黑色",填充后的效果如图4-89所示。

(17)衣服的填充。选择工具箱中的挑选工具，在绘图页面中选中衣服,如图4-90所示,将其填充色设为"C:0、M:40、Y:80、K:20",轮廓宽度设为"0.035厘米"、

图4-88

图4-89

轮廓的颜色设为"黑色"，填充后的效果如图4-91所示。

（18）腰带的填充。选择工具箱中的挑选工具，在绘图页面中选中腰带，如图4-92所示，将其填充色设为"C：0、M：20、Y：20、K：80"，轮廓宽度设为"0.035厘米"、轮廓的颜色设为"黑色"，填充后的效果如图4-93所示。

（19）颜色基本就填充完了。下面接着在图中绘制一些辅助的曲线，使其效果更加逼真。选择工具箱中的钢笔工具，在原图的基础上绘制一些曲线，效果如图4-94所示。

（20）整体调整。选择工具箱中的挑选工具，将绘图页面中位置不适当的部分调整使其完整。调整后的效果如图4-95所示。

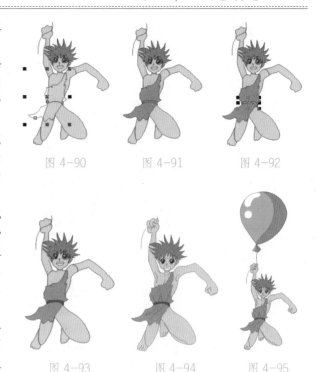

图4-90　　　　图4-91　　　　图4-92

图4-93　　　　图4-94　　　　图4-95

4.7.3 绘制室内平面组件效果图一

操作详解：

（1）新建一个图形文件。

（2）绘制沙发。选择工具箱中的矩形工具，在页面上绘制一个矩形图形，如图4-96所示。

（3）选择工具箱中的钢笔工具，在矩形的基础上绘制如图4-97所示的图形，然后为其填充材质，效果如图4-98所示。

（4）用同样的方法再绘制两个沙发，效果如图4-99所示。

图4-96

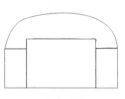

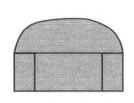

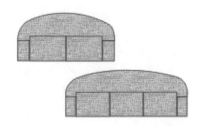

图4-97　　　　　图4-98　　　　　图4-99

（5）绘制茶几。再次选择工具箱中的矩形工具□，绘制几个大小不一的矩形，将其位置调整如图4-100所示。然后分别为其填充材质，效果如图4-101所示。选择工具箱中的挑选工具↖，通过框选的方法将填充后的图形全部选中，单击菜单栏中的"对象"|"组合"|"组合"命令将其设为群组。

（6）绘制地毯。再一次选择工具箱中的矩形工具□，在页面上绘制大小不一的两个矩形，如图4-102所示。

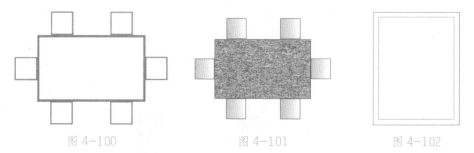

图4-100   图4-101   图4-102

（7）选择工具箱中的挑选工具↖，单击小矩形使其处于选中状态，选择工具箱中的填充工具按钮稍等片刻，在属性栏中选择"底纹填充"按钮，然后单击"编辑填充"🖫按钮，在打开的"底纹填充"对话框中设置填充参数，如图4-103所示。单击"OK"（确定）按钮完成纹理填充的设置。按F12打开"轮廓笔"对话框设置轮廓笔的参数，如图4-104所示。单击"OK"（确定）按钮完成轮廓笔的设置。

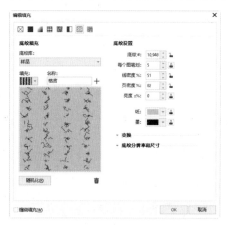 

图4-103   图4-104

（8）用同样的填充方法将大矩形进行填充，效果如图4-105所示。

（9）地毯边的绘制。选择工具箱中的星形☆工具，在属性栏中设置其参数，如图4-106所示。

（10）然后在页面上单击并拖动，拖出如图4-107所示的效果。

（11）使用形状↖工具单击页面中五星形图形的任一角点并拖动，如图4-108所示。拖出的最后效果如图4-109所示。

图 4-106

图 4-105

图 4-107

（12）单击五星形使其处于选中状态，选择工具箱中的交互式填充工具 ◇，在其属性栏中选择"位图图样填充" ▨ ，然后单击"编辑填充" ▨ 按钮，在打开的"位图图样填充"对话框中设置参数。单击"OK"（确定）按钮完成图样填充的设置。填充后的效果如图 4-110 所示。

图 4-108

图 4-109

图 4-110

（13）将绘制好的五星形的位置调整到两个矩形中适当的位置，如图 4-111 所示。

（14）选中五星形，按"+"键复制并移动（使星形之间的距离位置适当），重复复制和移动操作，最后的效果如图 4-112 所示。然后将此文件保存在计算机中，以备后用。

图 4-111

图 4-112

4.7.4 绘制室内平面组件效果图二

包括床、桌子、椅子、灯的绘制。

操作详解：

（1）新建一个图形文件。

（2）室内设备的绘制。首先绘制床，选择工具箱中的矩形工具▢，在页面上单击并拖动，绘制一个矩形图形，效果如图 4-113 所示。

（3）选择工具箱中的交互式填充◇工具，在其属性栏中选择"底纹填充"▦，单击"编辑填充"▨按钮，接着在弹出的如图 4-114 所示的"底纹填充"对话框中选择一种纹理作为填充底纹。

（4）单击"OK"（确定）按钮完成底纹的填充，效果如图 4-115 所示。

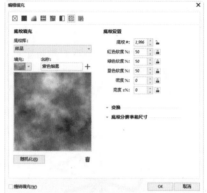

图 4-113　　　　　　　　图 4-114　　　　　　　　图 4-115

（5）同样用矩形工具▢绘制一个矩形。按 F12 在弹出的"轮廓笔"对话框中对轮廓进行设置，如图 4-116 所示，单击"OK"（确定）按钮完成轮廓的设置。效果如图 4-117所示。

图 4-116　　　　　　　　　　　　　图 4-117

（6）选择工具箱中的交互式填充◇工具，在属性栏中选择"位图图样填充"▩，单击"编辑填充"▨按钮，在弹出的"位图图样填充"对话框中进行填充设置，单击"OK"（确定）按钮设置完成。填充后的效果如图 4-118 所示。

（7）卷边效果的制作。选中矩形，单击菜单"位图"|"转换为位图"命令，在弹出的"转换成位图"对话框中进行设置，如图 4-119 所示。单击"OK"（确定）按钮完成设置。

图 4-118　　　　　　　　　　　　　　　　　　图 4-119

（8）单击"效果"|"三维效果"|"卷页"菜单命令，在弹出的"卷页"对话框中进行设置，如图 4-120 所示，单击"OK"（确定）按钮完成卷页效果的设置。效果如图 4-121 所示。

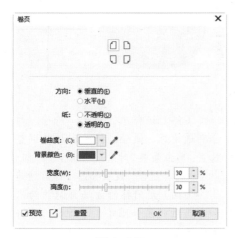

图 4-120　　　　　　　　　　　　　　　　　　图 4-121

（9）同样用矩形工具□绘制两个大小一样的矩形，将其填充为如图 4-121 所示一样的效果。如图 4-122 所示。

（10）将两个矩形组合在一起。单击菜单"对象"|"组合"|"组合"命令，然后单击工具箱中的阴影□工具，为其添加阴影效果，添加阴影后的效果如图 4-123 所示。

（11）组合各部件，将 4 个矩形组合在一起，效果如图 4-124 所示。同样为其添加阴影效果，最后效果如图 4-125 所示。

（12）桌子。选择工具箱中的矩形工具□，在页面上绘制一个矩形图并为其赋予材质，效果如图 4-126 所示。

图 4-122　　　　　　图 4-123

图 4-124　　　　　　　图 4-125　　　　　　　图 4-126

（13）椅子。选择工具箱中的矩形工具▢，在页面上绘制一个矩形图形，选择挑选工具▲，在矩形上单击鼠标左键，然后单击右键，在弹出的快捷菜单中选择"属性"，在"属性"对话框中单击"矩形"▢按钮跳转到矩形属性，设置矩形的"圆角"度，如图 4-127 所示。将椅子的材质设置和桌子的一样，效果如图 4-128 所示。

（14）灯。选择工具箱中的椭圆形◯工具，在页面上配合 Shift+Ctrl 组合键，绘制两个正圆一大一小，并将其填充为浅黄色和黄色，再用"钢笔"工具绘制两条线段，将其组合，效果如图 4-129 所示。

图 4-127　　　　　　　图 4-128　　　　　　　图 4-129

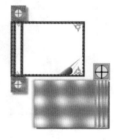

图 4-130　　　　　图 4-131

（15）组合床、桌子、椅子、灯。分别选中床、桌子、椅子和灯并调整其位置，单击菜单"对象"|"组合"|"组合"命令，将其组合，效果如图 4-130 所示。

（16）用同样的方法再制作两张床和三盏灯效果如图 4-131 所示，并将此文件保存在计算机中，以备后用。

4.8　本章回顾

到这里，本章的内容就结束了。学完本章后，读者应该掌握 CorelDRAW 2020 中的颜色填充和轮廓线编辑的方法。从这一章开始，大家将会领略到真正 CorelDRAW 2020 五彩图形设计世界，但图形设计中运用适合的色彩搭配和色彩的准确选择，是需要长期的美术素养和审美观念才能做到的，这就需要读者在平时生活或学习当中，有意识地去领略自然的色彩和提高自身的情趣了。

第 5 章
图形的修饰与编辑

学习要点和本章导读

· 学习 CorelDRAW 2020 对对象的缩放操作
· 学习 CorelDRAW 2020 对对象的旋转操作
· 学习 CorelDRAW 2020 对对象的镜像操作
· 学习 CorelDRAW 2020 的造型与图框精确裁减
· 学习 CorelDRAW 2020 的图形混合效果
· 掌握修饰图形的快捷操作技巧

　　在学习了 CorelDRAW 2020 的基本绘图和上色功能之后，自然就要讲到，如何使用 CorelDRAW 2020 对建立后的图形对象进行具体调整的方法，本章将学习 CorelDRAW 2020 的变换图形、图形转换、造型、图形混合等图形修饰的具体操作。在本章的最后还对修饰图形的快捷操作技巧做了总结。通过本章的学习，可以对 CorelDRAW 2020 的图形修饰功能有一个详细的了解。

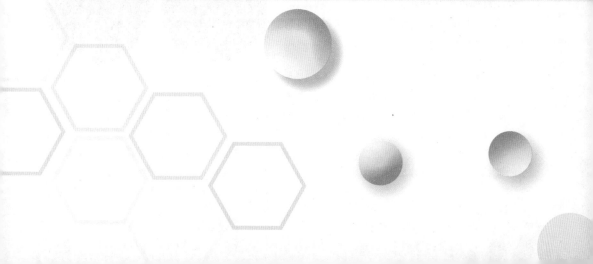

5.1 变换图形与图形转换

5.1.1 对象的缩放

操作详解:

（1）使用挑选工具 ▶，选中需要缩放的对象，这时对象周围出现8个控制点。

（2）将鼠标移动到任何一个控制点上，拖动该控制点即可缩放选中的对象，如图5-1所示。

（3）如果在拖动鼠标时按住Shift键，将以该对象的中心点为基准做对称缩放。如果需要等比例地缩放对象，只要按住Shift键不放拖动对角上的控制点即可。使用属性栏可以非常精确地缩放对象，如图5-2所示。

等比例缩放对象的操作步骤如下：

（1）使用挑选工具 ▶ 选中需要变换的对象。

（2）在属性栏中设置对象的宽度和高度。按下"锁定比率" 🔒 按钮，即可等比例缩放对象，参数设置完成后，按Enter键即可。

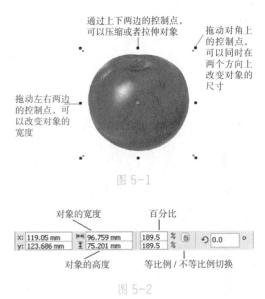

通过上下两边的控制点，可以压缩或者拉伸对象

拖动对角上的控制点，可以同时在两个方向上改变对象的尺寸

拖动左右两边的控制点，可以改变对象的宽度

图 5-1

对象的宽度　　　　　百分比

| x: | 119.05 mm | ↔ | 96.759 mm | 189.5 | % | 🔒 | ⤻ | 0.0 | ° |
| y: | 123.686 mm | ↕ | 75.201 mm | 189.5 | % | | | | |

对象的高度　　　　　等比例／不等比例切换

图 5-2

5.1.2 镜像

操作详解:

（1）选中需要左右对调的对象，也可以一次选中多个对象。

（2）按住 Ctrl 键不放，将控制点向相对的方向拖动，直到出现一条线框，如图5-3所示。

（3）松开鼠标左键即可。

图 5-3

如果不需要保持原对象的纵横比，在第2步时不必按住Ctrl键。拖动对象不同的控制点可以得到不同的镜像结果：拖动上下方的节点可以制作出上下对调的对象，拖动左右的节点可以制作左右对称的镜像。

所有的对象都可以做镜像处理。使用挑选工具 ▶ 选中对象后，还可以使用属性栏中的 按钮来完成镜像，操作方法很简单，这里不做介绍。

5.1.3　旋转对象

使用挑选工具 ▶，在已经被选取的对象上单击鼠标，即可进入对象的旋转／倾斜编辑模式，对象的控制点变成了标有方向的箭头。

操作详解：

（1）使用挑选工具 ▶选中对象，对象周围出现控制点。再次单击对象，这时对象周围的控制点变成了"✔"旋转控制箭头和"↔"倾斜控制箭头。

（2）将鼠标移动到旋转控制箭头上，沿着控制箭头的方向拖动控制点。在拖动过程中，会有线框跟着旋转，指示旋转的角度。通过属性栏可以监视旋转的精确角度。

（3）旋转到需要的角度后松开鼠标左键即可，如图 5-4 所示。

旋转时属性栏会指示旋转的角度。按住 Ctrl 键，对象将以固定限制的角度旋转（系统预设为 15 度）。如果需要精确旋转对象，使用挑选工具 ▶选中对象后，在属性栏中的"旋转角度"文本框中直接输入旋转的角度数值，按 Enter 键即可，如图 5-5 所示。

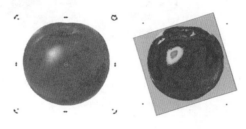

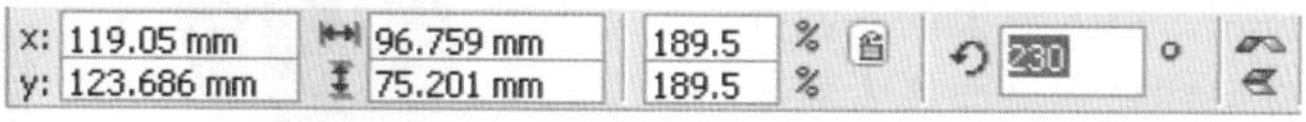

图 5-4

图 5-5

5.1.4　修改对象的旋转轴心

对象是绕着旋转轴心来转动的。旋转轴心不同，旋转结果会有很大的差别。

移动旋转轴心的步骤如下：

（1）使用挑选工具 ▶连续两次单击对象，进入旋转／倾斜编辑模式。

（2）将鼠标移动到中心点 ⊙。

（3）拖动中心点 ⊙到新位置，松开鼠标即可，如图 5-6 所示。

图 5-6

5.1.5　使用自由变换 ⤺工具旋转对象

操作详解：

（1）选中需要旋转的对象。

（2）选中自由变换 ↳ 工具，如图 5-7 所示。

（3）在对象上（也可以在对象外）按住鼠标左键，该点将成为默认的旋转中心。拖动鼠标，对象将会随着鼠标移动的方向旋转，在适当的位置松开鼠标即可，如图 5-8 所示。

自由变换 ↳ 工具除了用作自由旋转对象外，还可以进行自由角度反射、自由缩放及自由倾斜等功能操作。操作时通过属性栏选择这些功能按钮，即可切换各种变形功能，如图 5-9 所示。

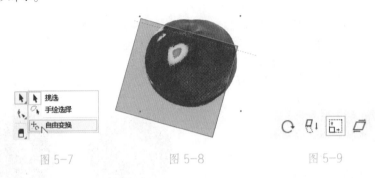

图 5-7　　　　　　　　　图 5-8　　　　　　　　　图 5-9

5.1.6　倾斜变形

使用自由变换 ↳ 工具来做倾斜操作。选中自由变换 ↳ 工具后，单击属性栏中的自由倾斜 ◿ 按钮，进入对象的倾斜变形模式。然后将鼠标移到页面或者对象上按下鼠标左键，拖动鼠标直到合适的位置，松开鼠标即可倾斜该对象，如图 5-10 所示。

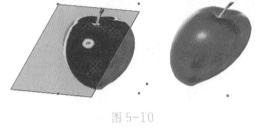

图 5-10

如果要以特定的角度倾斜对象，可首先在属性栏中输入旋转角度值。然后按 Enter 键即可，如图 5-11 所示。

图 5-11

5.1.7　使用变换泊坞窗精确控制对象

前面介绍的移动、缩放、镜像、倾斜等变形操作可以在变换泊坞窗中进行更精确的设置，如图 5-12 所示。

执行"窗口"|"泊坞窗"|"变换"菜单命令，即可调出变换泊坞窗。该泊坞窗的用法很简单：首先在工具栏中选择操作类型，然后在下面设置相关的参数即可。下面将要说明一些注意的事项。

变换泊坞窗的变形功能很齐全。在变形操作时，如果单击"应用"按钮，将会得到对象的一个已经变形的再制品。

（1）位置

单击位置╋按钮，即可切换到位置设置页（图 5-12 所示）。在位置下面的设置栏中直接输入对象的新坐标位置。如果选中"相对位置"复选框，对象将相对于原对象的坐标位置移动。

设置完毕，单击"应用"按钮即可将对象移动到新位置。

（2）旋转

单击旋转○按钮，即可切换到旋转设置页，如图 5-13 所示。

单击、、等按钮，即可进行缩放和镜像、大小、倾斜变形操作。

选中对象后，按下 Ctrl+D 组合键，也可以再制对象，如图 5-14所示。

图 5-12　　　　　　　图 5-13

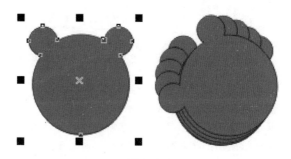

图 5-14

5.1.8　使用图层控制对象

对象泊坞窗是进行图层管理的主要工具。该泊坞窗的功能十分强大，下面将介绍一些与图层管理有关的功能。

执行"窗口"|"对象"菜单命令，调出如图 5-15 所示的对象泊坞窗。

1. 对象泊坞窗

在默认的情况下，新绘制的图形对象都出现在一个图层中，用户可以使用对象泊坞窗来新建图层，并且在各个图层中复制、移动对象。

操作详解：

（1）按 Ctrl+N 键，在绘图页面中使用各种绘图工具，绘制如图 5-16 所示的各种几何图形并填充合适的颜色。

（2）打开对象泊坞窗。在列表中依次单击页面 1 和图层 1 前面的▶标记，展开图层 1 的内容，如图 5-17 所示。

图 5-15

图 5-16   图 5-17

> **注意:** 主页面中的所有绘图元素将会出现在作品的所有页面中。

将鼠标光标放在各个功能控制开关上，就能查看各自的功能，可以使用这些功能对图层进行最基本的管理。图层各种控制开关的用法很简单：单击图标，颜色变淡时表示禁用该功能。

2. 新增、删除图层

在对象泊坞窗中选中需要操作的绘图页面（这里只有一页，所以被默认为选取状态），然后单击底部的"新建图层" 按钮，即可新建一个图层，系统会自动命名为图层2，如图 5-18 所示。

用鼠标右键单击需要删除的图层，然后从弹出的快捷菜单中选择删除，即可删除该图层和图层中的所有绘图对象，如图 5-19 所示。

3. 在图层间移动对象

在对象泊坞窗中单击图层名称，即可切换到相应的图层。

使用鼠标拖动需要移动的对象，然后在目标图层松开鼠标即可。请自己动手新建第三个图层，并且将矩形移动到图层3，将位图移动到图层2，得到如图 5-20 所示的结果。

用右键单击图层中的对象，弹出一个快捷菜单。这个快捷菜单中几乎包含了该对象的所有操作和所有属性，如图 5-21 所示。

图 5-18   图 5-19

图 5-20   图 5-21

5.1.9　将轮廓线转换成对象

对于绘图工具绘制的封闭对象，通过将其轮廓线转换成独立的对象，可以分开对象的轮廓线和封闭区域，从而得到更大的编辑弹性。

操作详解:

（1）使用星形☆工具绘制一个五角星，并填充 30% 的灰度。

（2）保持五角星的选取状态，执行"对象"|"将轮廓转换为对象"菜单命令，即可将轮廓线变成独立的对象。

使用鼠标拖动原五角星的封闭区域，可以有规律地改变外观，如图 5-22 所示。

这时轮廓线自动转换成曲线。保持选取，然后在属性栏中的"轮廓宽度"下拉列表框中选择或设置轮廓线的粗细，设置为"2.822mm"。然后在调色板中右击红色色块，这样五角星的外框被填充上红色，如图 5-23 所示。

原对象　　　　　　　　　　　转换轮廓

图 5-22　　　　　　　　　　　　　　　　　　　图 5-23

5.2　造型处理

5.2.1　对象的合并、修剪和相交

合并、修剪和相交是图形对象编辑时非常有效的功能，使用多个层叠在一起的对象彼此交叉，可以迅速绘制出具有复杂轮廓的图形对象，如图 5-24 所示。

图 5-24

1. 合并

合并功能是将几个图形对象结合成一个图形对象。进行合并之前，必须选中需要操作的多个图形对象。

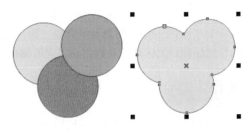

新生成图形对象的颜色填充和边框与目标对象完全相同。框选多个对象时，压在最底层的对象就是目标对象；按住 Shift 键，以加选的形式选择多个对象时，最后选中的对象就是目标对象，如图 5-25 所示。

图 5-25

2. 修剪

修剪是将目标对象交叠在原对象上的部分裁掉，使用前必须仔细调整对象间的相对位置，如图 5-26 所示。

3. 相交

执行相交操作时，在两个或两个以上图形对象的交叠处产生一个新的对象，如图 5-27 所示。

原对象　　　　调整位置　　　　修剪后的效果　　　　　原对象　　　　相交后的效果

图 5-26　　　　　　　　　　　　　　　　　　图 5-27

5.2.2　合并

操作详解：

（1）在绘图页面使用工具箱中的绘图工具绘制多个图形对象，如图 5-28 示。

（2）选中想要合并的所有对象。

（3）执行"对象"｜"合并"菜单命令，即可将对象合并，如图 5-29 示。

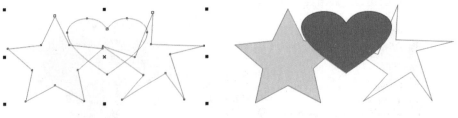

图 5-28　　　　　　　　　　　　　　　　　图 5-29

如果对象合并前有颜色填充，那么合并后的对象将显示最后选取对象的颜色，对于框选对象，显示框选最下方对象的颜色。

各对象之间重叠的部分变成透明状态。

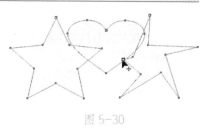

图 5-30

合并对象后，在工具箱中选择形状 ↖ 工具，选中合并后的对象，可以对合并后的对象进行节点操作，如图 5-30 所示。

5.2.3　拆分

对于已经合并在一起的多个对象，可以通过分离命令来取消对象的结合。

操作详解：

（1）选中已经合并的对象。

（2）执行"对象" | "拆分"菜单命令，或者按下 Ctrl+K 组合键，如图 5-31 示。

图 5-31

使用"PowerClip" | "置于图文框内部"命令可以将一个对象内置于另外一个容器对象中，所以称这个操作过程和被放置的对象为内置对象。内置的对象是任意的，但是作为容器的对象只能是已经创建好的封闭路径。

5.3　绘制混合效果图形

混合效果是向量绘图中的一个非常重要的功能，利用混合功能，可以在绘图对象间产生形状、颜色上的平滑变化。从一定程度上来说，混合效果和渐变填充产生效果有许多相似之处，但是混合效果的变化更多，功能更加完善。

5.3.1　建立混合

从本质上来说，混合只是对象的外形和颜色演变算法的一种应用，并不是简单的颜色填充，所以将混合功能放在效果菜单中。

混合效果和对象的颜色有着密切的关系，两个不同颜色的对象之间进行混合时，对象排列的先后次序、填充方式、节点位置和数目、对象外形等都会直接影响混合的结果。

另外加上混合效果的旋转角度、彩虹光谱的参数设置，使得混合效果更加多样化。

建立混合的操作步骤如下：

（1）在绘图页面绘制两个制作混合效果的对象，如图 5-32 所示。

（2）选择混合  工具，如图5-33所示。

（3）在左边的对象上按住鼠标左键，然后将其拖动到另一个对象上，松开鼠标，对于没有填充的对象，则需拖动边框的外框线，如图5-34所示。

图5-32　　　　　　　图5-33

通过上述的操作，已经建立了混合效果，这时通过属性栏可以重新设置混合的参数，例如：混合的步数、固定间距、混合方向等，如图5-35所示。

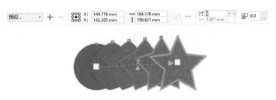

图5-34

增量框用来设置混合的步数，混合的步数就是混合中间生成对象的数目。

通过调和方向增量框可以设置混合的旋转角度。混合角度的计算以起始对象的起始点为基准，如果角度为正值，将逆时针旋转；如果为负值，那么顺时针旋转。这样即可计算出每个中间对象的旋转角。如果混合的步骤设为20，旋转角度设为60，那么每个相邻对象之间的夹角为3°。

图5-35

在混合方向增量框的值不为零时，属性栏中的环绕调和 按钮变成可用。按下该按钮，混合的中间对象除了本身的旋转外，同时将以起始对象和终点对象的中间位置为旋转中心做旋转分布，如图5-36所示。

如果需要取消混合效果，选中已经建立混合的对象，然后执行"效果"|"清除混合"菜单命令即可，或直接单击属性栏右侧的"清除调和" 清除调和 按钮也可。

使用鼠标可以更方便地更改混合的参数设置。拖动混合控制线上面调和加速控制点，可以改变混合的速度，如图5-37所示。

原对象　　　　　　　环绕调和后的效果　　　　　　　调和加速控制点

调和控制线

图5-36　　　　　　　　　　　　　　　　　图5-37

单击属性栏中的对象和颜色加速 按钮，然后在弹出的设置框中单击 按钮，即可将混合加速控制点分开设置。拖动上面的滑动条中单独控制混合对象加速；拖动下面的标示可以控制混合颜色的加速，如图5-38所示。

图5-38

直接拖动混合控制线上面的混合加速控制点也可以控制混合的

加速。这些变化都很简单，如图 5-39、图 5-40 所示。

拖动控制线上面的混合控制点即可控制混合对象加速

图 5-39

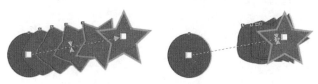

拖动控制线下面的混合控制点即可控制混合对象加速

图 5-40

5.3.2　使用映射节点功能控制混合

混合效果以对象的节点作为两个对象混合的参考点，当已经建立了混合的对象的节点位置发生了改变时，混合的路径也会发生相应的改变。

在应用混合效果时，甚至可以指定起始对象和终点对象的映射节点。

操作详解：

（1）选中已经建立了混合效果的对象。

（2）单击属性栏中的"更多调和选项" 按钮，然后从下拉菜单中选择"映射节点"，如图 5-41 所示。

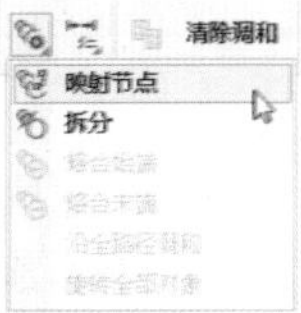

图 5-41

（3）使用鼠标选择混合的终点对象映射的节点。然后选择混合的起始对象映射的节点，如图 5-42 所示。

终点节点　　　　　　　　起始节点　　　　　　　　完成后的效果

图 5-42

5.3.3　改变混合的起始／终点对象

对于绘制的图形对象来说，后绘制的对象压在先绘制的对象上面。在建立混合效果时，先绘制的对象是起始对象，后绘制的对象是终点对象。在有些情况下，可能需要将起始对象或者终点对象更换成另一个不同的对象。

操作详解:

（1）选中已经建立混合的对象。

（2）单击属性栏中的"起始和结束属性" 按钮，从弹出的菜单中选择"新起点"，鼠标的光标将变成 ▶ 状。

（3）单击新的起始对象（起点对象位置必须在终点对象之后）即可。更改终点对象的操作相同，如图 5-43 所示。

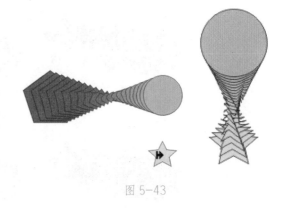

图 5-43

5.3.4 相同节点数对象的混合

由于混合对象之间的混合是以节点为参考点的，如果建立混合的两个对象的节点数为 4 和 6，那么混合中间对象节点数的计算就很难控制，反映在混合效果上就是难以控制的边框外形。如果建立混合的两个对象的节点数一样，就不会遇到这种情况。

综上所述，在建立混合时就应该考虑节点对应的问题。最好的解决方法就是，首先绘制一个对象，然后复制这个对象，接下来修改复制品的大小、外观、填充，最后就可以建立这两个对象的混合，这样就不会被节点对应的问题困扰了。

5.3.5 沿特定的路径进行混合

如果需要混合效果沿特定的路径进行，操作详解:

（1）选中已经建立的混合对象，并且准备好新的路径对象。

（2）在属性栏中单击"路径属性" 按钮，从弹出的菜单中选择"新建路径"，如图 5-44 所示。

（3）这时鼠标变成向下的曲柄箭头，在作为路径的对象上单击即可，如图 5-45 所示。

图 5-44

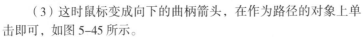

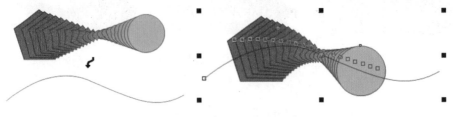

图 5-45

通过鼠标拖动起始对象和终点对象可以调整混合对象在路径上的分布情况。

5.3.6　使用拆分设置混合对象

使用拆分操作可以得到如下操作结果：
（1）改变混合对象的对应节点。
（2）拆分混合对象。
（3）连接多组已经建立混合的对象。
（4）增加混合的颜色变化。

5.3.7　使用拆分功能设置混合效果

操作详解：

（1）选中已经建立混合的对象。
（2）单击属性栏中的"更多调和选项" 按钮，选择拆分。
（3）使用鼠标单击需要拆分的混合中间对象，即可在该点完成拆分，如图 5-46
所示。

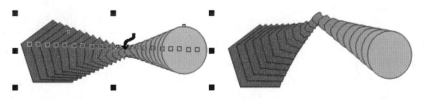

图 5-46

拆分时选中的对象已经成为独立的对象，可以和其他
的对象再次建立混合，如图 5-47 所示。

参与拆分混合再合并的第三对象，如果层次位于原混
合的起始对象之上，就只能使用"熔合始端"功能；如果
层次位于终点对象下，便只能使用"熔合末端"功能。

拆分合并而成的混合对象可以使用"熔合始端"和"熔
合末端"功能，得到新的混合效果，如图 5-48 所示。

图 5-47

原对象

"熔合始端"对话框

应用后的效果

图 5-48

使用拆分合并而成的混合对象是群组对象，首先必须将新加入的混合对象单独选中，才能执行"熔合始端"和"熔合末端"命令。

5.4 编辑轮廓图

轮廓图效果是由一系列的同心线圈，或者图形中向内部或者外部放射的层次效果来实现的。轮廓化对象创建的轮廓化效果有些类似于地理类书籍中的地势等高线。轮廓化效果分为三种：到中心、内部轮廓以及外部轮廓。下面我们将详细介绍这些效果。

5.4.1 制作轮廓化对象

操作详解：

（1）选中对象。

（2）在工具箱中选择轮廓圆 █ 工具，并设置"轮廓图偏移"值为2。

（3）使用鼠标向内拖动椭圆的轮廓线，拖动过程中会出现提示虚线。到达满意的程度后，松开鼠标，即可制作出如图5-49所示的轮廓图效果。

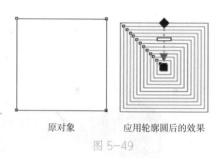

原对象　　　　应用轮廓圆后的效果

图 5-49

单击"到中心" █ 按钮，可以制作向中心的轮廓图效果；单击"外部轮廓" █ 按钮可制作向外的轮廓图效果。

单击属性栏最右边的"清除轮廓" [清除轮廓] 按钮，即可清除轮廓图效果。

图 5-50

5.4.2 设置轮廓图的步数和步长

使用轮廓圆 █ 工具的属性栏，可以很容易设置轮廓图的步长和偏移量，如图5-50所示。

使用鼠标拖动轮廓图控制线最里边的控制点，可以直观地增加或减少步长值，如图5-51所示。

5.4.3 设置边框颜色和内部填充颜色

使用属性栏，也可以方便地设置轮廓图的轮廓线颜色以及填充颜色。另外，使用调色板，同时也可以设置整个轮廓图的填充，如图5-52所示。

图 5-51

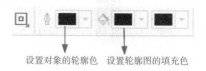

设置对象的轮廓色　　设置轮廓图的填充色

图 5-52

操作详解：

（1）完成对象的轮廓图效果后，单击属性栏中的"轮廓色"![按钮]按钮，打开色盘，挑选一种颜色作为最后一圈轮廓线的颜色。

（2）单击属性栏中的"填充色"![按钮]按钮，打开色盘，挑选一种颜色作为对象的填充颜色，如图5-53所示。

（3）设置了颜色和填充的轮廓图变成如图5-54所示的外观。仔细观察控制线上面的控制点颜色的变化，它指示了当前的填充颜色。

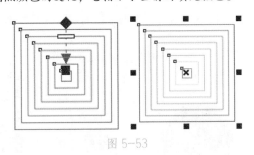

图 5-53 图 5-54

5.4.4 拆分轮廓图

分割轮廓图操作详解：

（1）使用挑选工具 ▶ 选定轮廓图。

（2）执行"对象"|"拆分轮廓图"菜单命令，即可将轮廓图拆分成原始对象和附加的轮廓线，如图5-55所示。这时就可以分别操作原始对象和附加的轮廓线。

选中已经拆分的轮廓线对象，在属性栏中单击"取消组合所有对象"![按钮]按钮，这时所有的轮廓线将变成独立尺寸的渐变的单个对象，如图5-56所示。

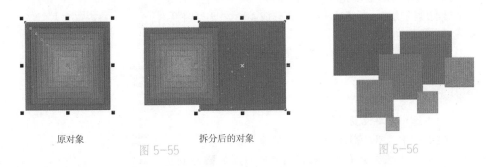

原对象 拆分后的对象

图 5-55 图 5-56

5.5 绘制透明效果图形

使用透明度![工具]工具，可以方便地设置标准、渐变、图样及纹理等透明效果。透明效果允许用户使用鼠标进行交互式的操作。透明度![工具]工具是一个强有力的工具，它能创建许多十分漂亮的效果。

5.5.1 设置标准透明度

透明度是均匀色彩或立体化的透明程序，标准透明可应用到 CorelDRAW 2020 创建的任何封闭路径对象中。

应用标准透明度操作详解：

（1）使用挑选工具▶选中需要处理的对象。

（2）选择透明度▩工具。单击属性栏中的透明度类型下拉列表框，选择单色列表项目。

（3）在透明度属性栏的"合并模式"下拉列表框中选择添加透明操作，然后拖动如图 5-57 所示的透明度滑块，可设置透明程度。

使用透明度▩工具，结合该工具属性栏中的"合并模式"下拉列表，可以实现非常多的标准透明效果，如图 5-58 所示。

若想进一步调整透明度，可单击属性栏中的"冻结透明度"✳按钮，这时会出现截然不同的透明效果。使用该按钮可以调整所有的透明效果。

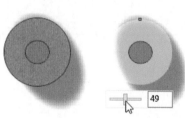

原图　　　　应用透明度后的效果

图 5-57　　　　　　　　　图 5-58

5.5.2 渐变透明效果

渐变透明和渐变填充的功能很相似，只不过它应用了一个透明度的功能。渐变透明的方式分成4种类型：线性、椭圆形、锥形和矩形。

下面以线性渐变透明的设置为例来具体介绍。

操作详解：

（1）选中需要设置的对象。

（2）选中透明度▩工具。

（3）在属性栏中单击"线性渐变透明度"▩按钮选择线性渐变透明，即可直接添加预设的线性渐变透明效果，如图 5-59 所示。

通过属性栏还可以选择线性透明的"合并模式"下的预设样式，通过预设样式的使用，就可以很快得到许多漂亮的透明效果，如图 5-60 所示。

图 5-59　　　　　　　　　图 5-60

也可以在选中透明度工具<!--图标-->后，直接单击绘图页面以确定渐变透明的起点，然后拖动鼠标到希望透明度结束的地方，松开鼠标即可建立线性渐变透明度，如图 5-61 所示。

同样地，在属性栏中还可以通过单击"椭圆形渐变透明度"<!--图标-->按钮、"锥形渐变透明度"<!--图标-->和"矩形渐变透明度"<!--图标-->按钮，来选中椭圆形、锥形和矩形等其他 3 种渐变透明度方式，如图 5-62 所示。

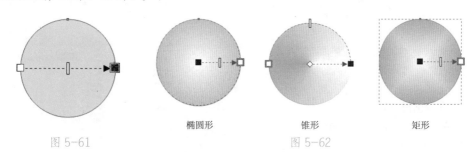

椭圆形　　　　　　锥形　　　　　　　矩形

图 5-61　　　　　　　　　　　　　　　　　图 5-62

透明度控制条由箭头、起始手柄、末端手柄和透明速度滑块组成。

透明速度滑块可用来设置透明过程的快慢，滑块越靠近灰度低的手柄，则透明速度越快。滑块越靠近灰度高的手柄，则透明速度越慢。透明速度的快慢也可理解为透明范围大小。

若要更改透明度的速度，可拖动透明度控制线的速度滑块。结合起始点的结束点的位置，即可控制线性渐变透明的位置和方向，如图 5-63 所示。

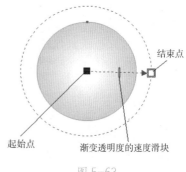

结束点

起始点

渐变透明度的速度滑块

图 5-63

5.5.3　图样透明效果

图样透明与前面介绍的渐变透明非常相似。操作时可以控制图样的透明度，并可选择透明度的图样类型。在属性栏中，可以选择"向量图样透明度"、"位图图样透明度"和"双色图样透明度"等 3 种图样透明的种类。

操作详解：

（1）选中对象。

（2）在工具箱中选中透明度<!--图标-->工具。

（3）在属性栏中单击"双色图样透明度"<!--图标-->按钮。

（4）单击"透明度挑选器"<!--图标-->按钮，在下拉列表中选择图案类型，如图 5-64 所示。

同样地，可以通过透明度类型下拉列表框选择其他图样透明效果，如图 5-65 所示。

图 5-64

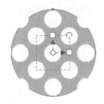

图 5-65

拖动透明控制线，可以控制图样透明的效果。

使用透明度控制线，同样可以控制图案透明的强度、方向等属性，如图5-66所示。

还可以从透明度的"合并模式"下拉列表框中选择预设的透明样式，使用预设的样式，可以快速制作好看的透明效果，如图5-67所示。

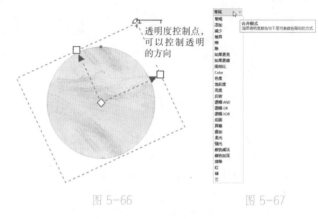

图 5-66　　　　　　　　　图 5-67

5.5.4　使用底纹透明

纹理透明与前面的纹理填充相似，使用纹理透明度，可以做出梦幻般的透明效果。下面介绍应用纹理透明的操作详解：

（1）选中需要处理的对象，接着在工具箱中选择透明度▧工具。

（2）单击属性栏中的"底纹透明度"按钮。

（3）在属性栏中选择"底纹库"下拉列表中的底纹样式，然后在"透明度挑选器"下拉列表框中选择底纹的种类，如图5-68所示。

（3）接下来可以通过拖动属性栏中的滑动条来调整一些透明度参数，如图5-69所示。

（4）单击属性栏中的"冻结透明度"按钮可以得到另外一种透明效果，如图5-70所示。

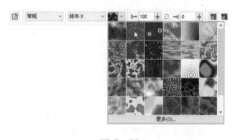

图 5-68

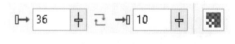

图 5-69

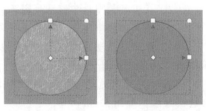

原对象　　　　　　冻结后的图象

图 5-70

5.5.5　透明效果使用技巧

1. 复制透明效果

如果已经应用了一个透明效果到对象，则可以使用此功能，将相同的透明度属性快速地应用到另一个对象中。

复制透明度的操作步骤如下：

（1）使用挑选工具选择一个对象。

（2）执行"对象"|"复制效果"|"透镜自"菜单命令，此时光标会变成一个黑色的水平大箭头，如图 5-71 所示。

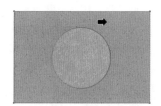

图 5-71

（3）使用大箭头单击欲复制透明度属性的源对象。这时对象的透明效果即可被复制到选定的对象中，如图 5-72 所示。

2. 清除透明度

可以使用填充工具展开式或调色板来清除透明度。使用填充工具展开式清除透明度的操作步骤如下：

（1）选中对象。

（2）选择工具箱中的交互式填充工具，单击属性栏最前面的"无填充"按钮，如图 5-73 所示。这时效果已经被清除。

图 5-72

图 5-73

3. 彻底清除透明效果

要想彻底清除透明效果，就要用到透明度工具。操作详解：

（1）选中需要清除透明度的对象。

（2）在工具箱中选中透明度工具。

（3）在如图 5-74 所示的属性栏中，单击"无透明度"按钮即可。

图 5-74

5.6　立体化效果

立体化效果是利用三维空间的立体旋转和光源照射的功能产生明暗变化的阴影，从而制作出仿真的 3D 立体效果。

5.6.1　立体化对象

使用立体化工具可以轻松制作出专业的 3D 效果。操作详解：

（1）选中立体化工具。

（2）选择需要立体化的对象，在对象中心按住鼠标左键向立体化效果的方向拖动鼠标，对象上面将出现立体化效果控制线，然后松开鼠标，如图5-75所示。

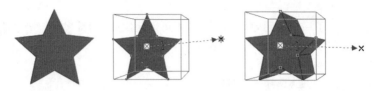

图 5-75

（3）单击属性栏的"立体化类型" ⬚⬚⬚ 按钮，从弹出的下拉列表中选择所需的立体化模型。

立体化有透视和平行两种效果。在立体模型菜单中，前景的衍生对象在原来对象之前，而背景的衍生对象在原来对象之后。

下面介绍立体化控制线操作详解：

（1）拖动 ╪ 图标可以改变对象立体化的深度，作用与属性栏中的深度 ⬚20 增量框一样。

（2）拖动 ▶× 图标可以改变立体化的消失点，作用与属性栏中的 ⬚ -36.407 mr ⬚ -34.713 mr 灭失点坐标设置增量框完全一样。

（3）使用属性栏可以完成几乎所有的参数设置，例如：旋转、颜色、倾斜、照明等变化。

选中"灭点锁定到页面"，移动对象的时候由于消失点不能移动，所以会改变立体化形状。该功能通常用于设计绘图页面的整体结构，如图5-76所示。

图 5-76

"共享灭点"功能可以使得多个对象使用同一个消失点，也就是说在拖动其中的任何一个对象时，和它共用一个消失点的其他对象也随着变化，如图5-77所示。

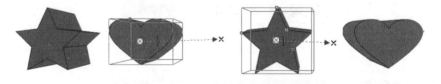

图 5-77

对于同一个三维对象来说，不同的三维视角和观察距离可以获得不同的视觉效果。

使用立体化 ⬡ 工具选中立体化对象，然后单击对象中心的图示，即可进入"立体化"模式。这种模式可以随心所欲地在三维空间中调整立体化效果，如图5-78所示。

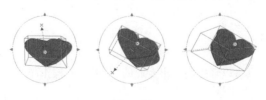

图 5-78

操作详解：

（1）在圆形的虚线框内鼠标呈  状，拖动鼠标即可作 x、y 两个坐标轴方向上的视角移动。作用同属性栏中的"立体化旋转"  按钮功能一样。

（2）在圆形的虚线框外鼠标呈 状，拖动鼠标可以在 z 平面上旋转对象。作用与属性栏中的"立体化旋转" 按钮功能一样。

（3）值得注意的是，在调整三维旋转参数后，消失点将被锁定，不能再移动立体化的消失点了。如果需要移动消失点，只要在属性栏中将参数全部设置为零即可，如图 5-79、图 5-80 所示。

图 5-79　　　　图 5-80

5.6.2　添加光源

从某种角度来说，立体化对象的光线和对象的明暗变化效果比较粗糙，但是在这里也可以使用 CorelDRAW 中的效果予以加强。得到立体化效果后，使用 Ctrl+K 组合键将立体化的对象拆散，然后使用渐变填充、透镜等效果处理功能进行润色修饰。

三维对象还可以直接添加不同入射角度和不同强度的光源，从而产生亮度和阴影的变化。设置光源之前应当明确需要达到的效果，然后根据需要添加光源即可。通常，一个理想效果的光源需要多次的尝试操作。

设置光源的操作详解：

（1）单击属性栏中的"立体化照明"按钮，即可进入灯光设置面板，如图 5-81 所示。一共可以设置三个灯光。

（2）单击数字 1 前面的复选按钮，为对象添加第一个光源。该光源立即出现在右边的框架上。

（3）拖动光源 1 的❶图标，即可更改光源的入射角度。光源的入射点只能定位在框架图的交叉点上，如图 5-82 所示。

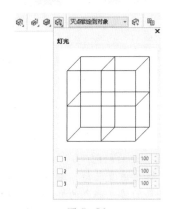

图 5-81

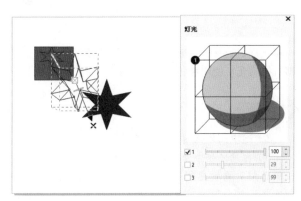

图 5-82

（4）重复第 2～第 3 步可以为对象添加第二、第三个光源。

（5）拖动强度滑动条，可以设置光源的强度，强度可以设置在 0～100 之间，如图 5-83 所示。

（6）使用光源时，可以选择是否使用全彩范围参数。选中该参数，光线的变化将更加绚丽，如图 5-84 所示。

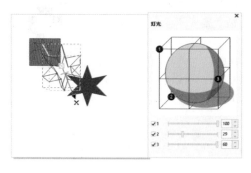
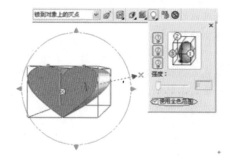

图 5-83　　　　　　　　　　　　　　　　　图 5-84

5.6.3　设置颜色

下面要进行操作的是颜色设置，如图 5-85 所示。

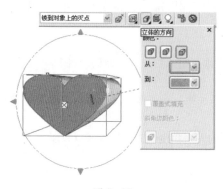
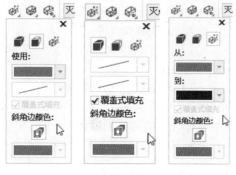

图 5-85　　　　　　　　　　　　　　　　　5-86

单击属性栏中的"立体化颜色" 按钮，即可打开颜色设置区。这里有 3 个选择：使用对象填充、使用纯色以及使用递减的颜色，如图 5-86 所示。

操作详解：

（1）选中立体化对象，然后选择立体化 工具。

（2）在属性栏中单击"立体化颜色" 按钮，即可设置三维的颜色。

给三维对象填充色彩时可以选择"覆盖式填充"参数。选中该复选框，原对象的填充颜色将沿整个三维对象扩展开；若不启用该复选框，原对象的填充颜色的样式将会分别应用在三维对象的每一个面上，色彩将会依照每个面的形状扭曲变形，如图 5-87 所示。

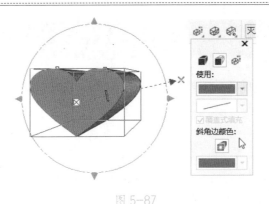

图 5-87

5.6.4 设置修饰斜角效果

使用修饰斜角功能可以在立体化对象的正面创建斜边效果，并且可以设置斜边的角度和深度。

操作详解:

（1）选中立体化对象，然后选择立体化⊘工具。

（2）单击属性栏中的"立体化倾斜" ⊡按钮，选中"使用斜角"复选框，应用如图 5-88 所示。

（3）在 ⌐ 2.0 mm ⌐ 增量框中可以设置斜面的宽度；在 ∠ 45.0° ⌐ 增量框中可以设置斜面的角度。

不同的斜面边角角度和宽度将呈现出不同的效果，如图 5-89 所示。

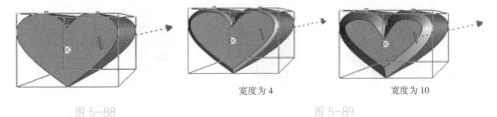

宽度为 4　　　　　　　　宽度为 10

图 5-88　　　　　　　　　　　　图 5-89

在编辑斜面边角效果时，如果选中"仅显示斜角"复选框，那么立体化所产生的衍生物将不再显示出来，只留下原对象和斜面边角，如图 5-90 所示。

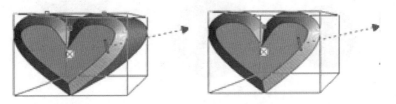

图 5-90

5.7 对象的变形

使用变形🔲工具可以不规则地改变对象的外观，使对象的变形更方便、更具有弹性。

5.7.1 变形工具

变形🔲工具是极具弹性的工具，可以迅速改变对象的外观。推拉变形、拉链变形、扭曲变形和居中变形这四种变形方式互相配合，可以得到无穷的变化，但是想要完全掌握这些是需要下点功夫的。

操作详解：

（1）选择工具箱中的变形🔲工具，如图 5-91 所示。

（2）在属性栏的左侧选择变形的方式，由左至右依次是推拉变形、拉链变形与扭曲变形，如图 5-92 所示。

图 5-91

图 5-92

（3）在需要变形的对象上按住鼠标左键，然后拖动鼠标，即可完成变形，如图 5-93、图 5-94、图 5-95 所示。

| 原对象 | 拖动过程 | 推拉变形后的效果 |

图 5-93

| 原对象 | 拖动过程 | 拉链变形后的效果 |

图 5-94

原对象　　　　　　　　拖动过程　　　　　　　扭曲变形后的效果

图 5-95

三种变形方式可以混合使用。对于已经变形的对象，在属性栏中选择另外一种变形方式，即可继续变形操作。

如果需要清除对象的变形操作，单击变形属性栏中的"清除变形" 清除变形 按钮即可。单击一次按钮，即可清除一次变形操作。对于多次变形的对象，重复上述操作。

使用鼠标操作变形控制线可以修改变形效果；拖动◇可以改变变形的中心点，拖动 --- 可以控制变化的频率；拖动 ➡○ 可以控制变形的幅度。

5.7.2　使用属性栏设置变形

1. 变形的使用限制

（1）对位图对象不能使用变形效果。

（2）经过混合、轮廓图、立体化的绘图对象不能使用变形效果；经过群组处理的对象不能应用变形效果。

（3）添加了下拉阴影的对象，必须执行"对象"｜"组合"｜"取消群组"菜单命令操作将对象与阴影分离后才能使用变形操作。分离后的阴影实际上是位图对象，所以不能加以变形。使用属性栏可以很方便地控制对象的变形，如图 5-96 所示。

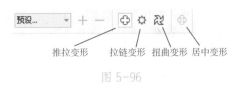

推拉变形　　拉链变形　扭曲变形　居中变形

图 5-96

2. 附加度数 ↻₇₁

用来控制对象的推拉变形和扭曲变形的幅度，作用与拖动 ᠕○ ⁝ 控制图标一样。推拉变形的设置范围是 –200~200 之间；扭曲变形是 0~360 之间。推拉变形的振幅正值（推）的节点远离变形的中心点，向对象外部扩展，但是节点之间的弧线是向内的；负值（拉）的节点靠近变形的中心点，向对象内部收缩，但是节点之间的弧线是向外的。从绝对值来说，振幅越大，变形的幅度越大。扭曲变形的振幅越大，扭曲程度越深。

3. 居中变形 ⊕

单击该按钮，可以将变形的中心移至对象的中心。如果对象的变形中心不在中心，那么启用本参数后原来的变形效果会受到很大的影响，如图 5-97 所示。

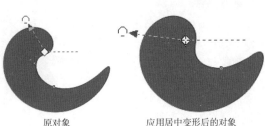

原对象　　　　　　　　应用居中变形后的对象

图 5-97

4. 添加新变形 按钮

添加新的变形
将变形应用于已有现有变形的对象。

在属性栏中设置新的变形参数后，单击该按钮，即可将新的变形参数应用到对象上。该按钮其实不起多少作用，因为新的变形效果本身就可自动刷新，不必再单击该按钮。下面介绍拉链变形属性栏的选项，如图 5-98 所示。

图 5-98

5. 拉链振幅频率 增量框

用来设置两个节点之间的锯齿数目。系统预设值为 0。进行拉链变形前，必须设置好频率的数值，再执行相应的变形操作，如图 5-99 所示。

拉链频率 增减框用于调整锯齿效果中锯齿的数量。

6. 随机变形

单击属性栏中的 按钮即可启用该参数，可以随机地改变锯齿的深度，变化的幅度在 1 到设置的振幅数值之间随机调整，如图 5-100 所示。

7. 平滑式变形

单击 按钮，即可将锯齿的尖角变成弧线，如图 5-101 所示。

8. 局部变形

该按钮的功能是：随着变形的进行，降低局部变形的效果。

操作详解：

（1）在对象上应用了拉链变形后，单击属性栏的"局部变形" 按钮。

（2）再将变形控制线拖到需要有较大变形的部分，距离 ◇ 图标越近的对象边框，锯齿变化越明显，如图 5-102 所示。

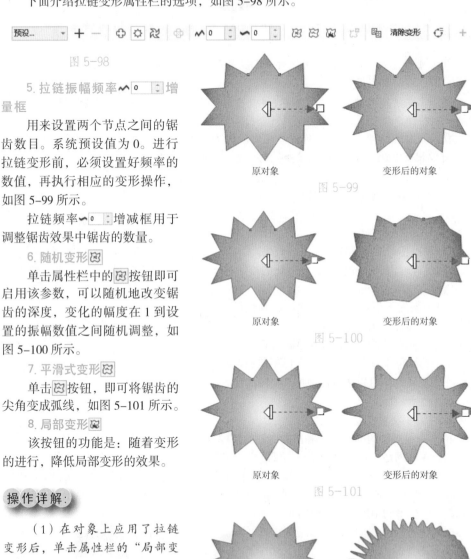

原对象　　　变形后的对象

图 5-99

原对象　　　变形后的对象

图 5-100

原对象　　　变形后的对象

图 5-101

原对象　　　变形后的对象

图 5-102

下面介绍扭曲变形 ⊠ 属性栏的选项设置，如图 5-103 所示。

图 5-103

9. 顺时针旋转／逆时针旋转 ↻、↺

用来设置旋转的方向。除了可用属性栏设置旋转方向外，也可以在设置旋转中心后，顺时针或者逆时针转动鼠标以获得同样的效果，如图 5-104 所示。

10. 完整旋转 ↻ 0

用来设置完整旋转的圈数。可以设置的圈数在 0 ~ 9 之间，如图 5-105 所示。

11. 附加度数 ↺ 0

除了旋转圈数外，可以设置附加的旋转角度，如图 5-106 所示。

12. 清除变形

对于变形操作的对象，如果需要清除变形，可以按 Ctrl+Z 键，并且不受变形次数的限制。也就是说，每一次变形的操作都保存在内存中，经过变形的对象可以完全恢复原来的样子。

13. 使用变形 ⊠ 工具变形的原则

①变形的中心点决定了对象变形的方向。

②变形的中心点可以随时移动位置，可以设置在对象上面，也可以放在对象外面。开始变形时单击的地方就是变形的中心点（用菱形表示）。

③如果变形的中心点在对象上面，那么变形的幅度会比较小；中心点离对象越远，对象的变形幅度就会越大，同时节点伸展的空间也将越大，如图 5-107 所示。

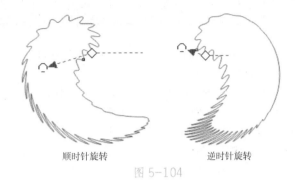

顺时针旋转　　　　　逆时针旋转

图 5-104

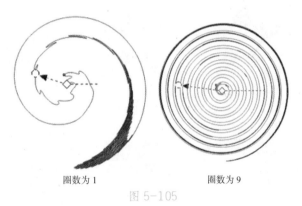

圈数为 1　　　　　圈数为 9

图 5-105

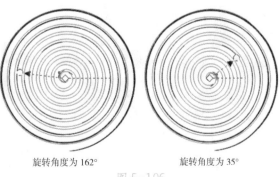

旋转角度为 162°　　　旋转角度为 35°

图 5-106

④推拉变形、拉链变形和扭曲变形可以交互地应用在同一个对象上。

⑤通过属性栏中的"预设列表"下拉列表框，我们还可以添加系统预设的变形效果。

图 5-107

5.8 使用封套

使用工具箱中的封套 工具可以快速建立对象的封套效果，封套工具如图 5-108 所示。

使用属性栏辅助制作封套效果的操作步骤如下：

（1）选中工具箱中的封套工具。

（2）单击需要制作封套效果的对象。

（3）拖动对象上面的节点，即可通过封套的节点来控制对象的外观（默认为非强制模式），如图 5-109 所示。

图 5-108

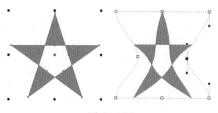

图 5-109

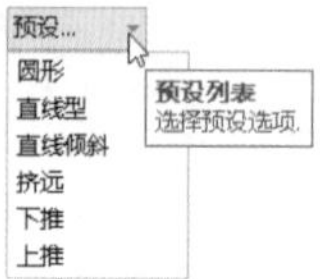

图 5-110

图 5-111

（4）如果需要特定外观的封套，可以使用系统预设的封套样式。单击"预设列表"下拉列表框，即可选择需要的封套样式，如图 5-110 所示。

可以使用不同的选取模式使封套中的对象符合封套的形状，从而可以根据需要变形对象。单击属性栏中的 矩形 下拉列表框，其列出了贴图的选取模式：矩形、手绘，如图 5-111 所示。

使用属性栏可以选择编辑封套的 4 种工作模式。从左到右分别为尖突节点、平滑节点、对称节点及非强制模式 4 种模式，如图 5-112 所示。

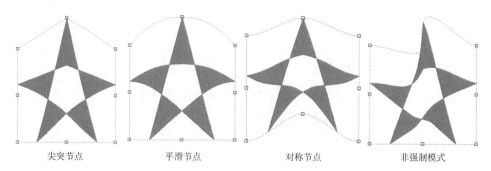

尖突节点　　　　　平滑节点　　　　　对称节点　　　　　非强制模式

图 5-112

和编辑曲线上的节点一样，也可以使用属性栏和鼠标对封套上的节点进行移动、添加、删除及更改节点的平滑属性等操作。封套上的节点同样可以通过属性栏更改属性。

5.9　本章操作提示

（1）混合🖉工具：在两对象之间拖动鼠标，沿直线混合，Alt+拖动可沿拖动方向按直线混合。

（2）轮廓图🔲工具：由轮廓内向外拖动鼠标可在轮廓外侧添加轮廓图；由轮廓外向内拖动鼠标可在轮廓中间添加轮廓图；在轮廓上单击并向轮廓中间拖动鼠标可在轮廓中心点位置添加轮廓图。

5.10　技艺拓展

5.10.1　星形变换图案

操作详解：

（1）在工具箱中选择星形☆工具，在属性栏设为  ，在页面拖动鼠标绘制星形，如图5-113所示。再选择轮廓图🔲工具，在多边形的中心点向右拖动鼠标，得到图形如图5-114所示。

（2）接着选择变形🌀工具，在图5-115中所标示的位置水平向左拖动鼠标，得到图形如图5-116所示。

（3）在页面右侧的颜色条上先后单击青色和黄色，得到放射图案如图5-117所示。

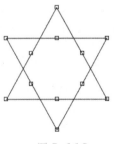

图5-113　　　　　　　图5-114

图5-115　　　　　图5-116　　　　　图5-117

5.10.2　螺旋变换图案

操作详解：

（1）在工具箱中选择螺纹 ◎ 工具，在属性栏的设为 ◎4 ▲▼ ◎ ◎ ，在页面拖动鼠标绘制螺旋图形，如图5-118所示。

（2）再选择轮廓圆 ◎ 工具，在螺旋的中心点拖动鼠标，得到图形如图5-119所示。

（3）接着选择变形 ◎ 工具，在属性栏的预设中选中"扭曲1"，得到图形如图5-120所示。

（4）在页面右侧的颜色条选择青色，得到螺旋扭曲图案如图5-121所示。

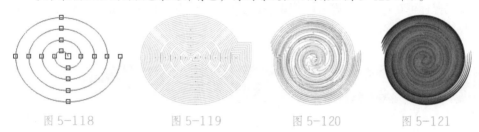

图5-118　　　　　图5-119　　　　　图5-120　　　　　图5-121

5.10.3　制作风筝放射图案

（1）在工具箱中选择网状填充 ▦ 工具，在属性栏将网格纸的栏和列设置为 ▦2 ▦2 ，在页面拖动鼠标，得到如图5-122所示图形。

（2）选择轮廓图 ◎ 工具，在网格中心点向右下角拖动鼠标，得到如图5-123所示的图形。在工具箱中选择变形 ◎ 工具，在图5-124中所示位置水平向右拖动鼠标，得到图形如图5-125所示。

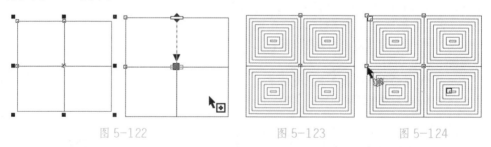

图5-122　　　　　　　图5-123　　　　　图5-124

（3）在属性栏中，将轮廓色设为"青"色，填充色同样设为"青"色，其他设置为

预设... ▼ ✚ x: 172.871 mm　↔ 179.513 mm　⊞ ⊞ ⊞ 30 ⊞ 2.54 mm ⊞ ⊞ ⊞ ⊞ ⊞ ⊞ ，然后在页
y: 112.321 mm　⥮ 153.281 mm

面右侧的颜色条先后选择红色和洋红，得到风筝状放射图案。

（4）最终效果如图5-126所示。

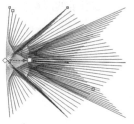

图 5-125　　　　　　　图 5-126

5.10.4　制作立体齿轮效果

> **提示：** 本演练需要用到焊接造型工具来绘制本体，立体效果用立体化工具实现。

（1）执行"文件"|"新建"菜单命令，新建一个页面文件。

（2）将鼠标指针移至标尺框左上角横、纵坐标交汇处，按住鼠标左键并拖动，将原点设定于页面左上角顶点处，如图 5-127 所示。

（3）单击工具箱中的椭圆形 ○ 工具，按住 Ctrl+Shift 组合键的同时按下鼠标左键并拖动，在页面中画一个正圆，分别从垂直和水平标尺上拖一条辅肋线，使辅助线交汇于路径圆圆心，如图 5-128 所示。

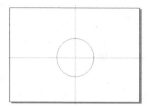

图 5-127　　　　　　　图 5-128

（4）在如图 5-129 所示的属性栏中设置圆的属性。

| X: 150.0 mm | 185.424 mm | 100.0 % | 0.0 | 90.0° | 细线 |
| Y: 100.0 mm | 177.406 mm | 100.0 % | | 90.0° | |

图 5-129

（5）再绘制一个同心圆。

（6）选取小圆，执行"对象"|"造型"|"修剪"菜单命令，随即弹出如图 5-130 所示的"造型"面板。

（7）单击"造型"面板最下方的"修剪"按钮，当鼠标指针变为" " 形状时，将指针箭头移至同心圆外圆边框上并单击，修剪出一个环形，如图 5-131 所示。

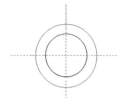

图 5-130　　　　图 5-131

（8）单击工具箱中的多边形⬡工具，在如图 5-132 所示的属性栏中设置边数为 3，即要求绘制三角形。

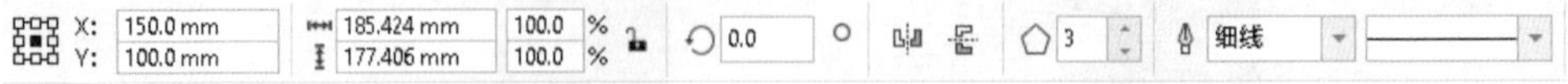

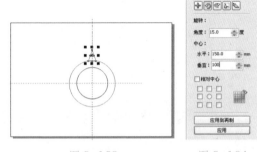

X: 150.0 mm
Y: 100.0 mm
185.424 mm
177.406 mm
100.0 %
100.0 %
0.0
3
细线

图 5-132

（9）当鼠标指针变为⁺⬡形状后，在页面内绘制一个三角形，并将三角形摆在中线位置，底端放在圆环上，如图 5-133 所示。

（10）选取三角形，执行“对象”|“变换”|“旋转”菜单命令，弹出变换面板，如图 5-134 所示。

（11）在变换面板中将旋转“中心点”（中心点）设置为 150、100，“旋转角度”设置为 15 度，重复单击“应用到复制”按钮，效果如图 5-135 所示。

（12）选中所有对象，执行“对象”|“造型”|“合并”菜单命令，将箭头焊接于环形上。最后的齿轮平面图如图 5-136 所示。

（13）选中齿轮平面图轮廓，单击工具箱中的交互式填充工具◈，在属性栏单击“均匀填充”■按钮，再单击“编辑填充”按钮，打开如图 5-137 所示的“均匀填充”对话框，将齿轮填充为 30% 黑色，效果如图 5-138 所示。

（14）选取齿轮，单击工具箱中的立体化工具，按下鼠标左键并向下拖动。

（15）在属性栏中选择“立体化类型”下拉列表框中的第一选项，如图 5-139 所示。

（16）三维齿轮绘制完毕，效果如图 5-140 所示。

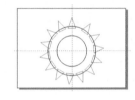

图 5-133

变换
旋转：
角度：15.0 度
中心：
水平：150.0 mm
垂直：100 mm
相对中心
应用到再制
应用

图 5-134

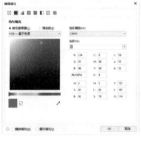

图 5-135

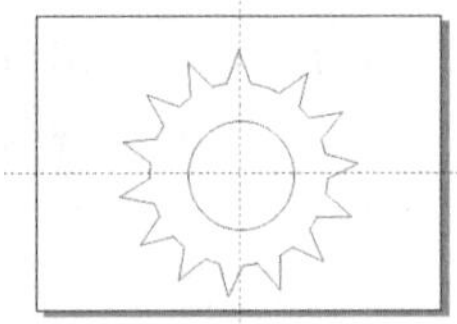

图 5-136

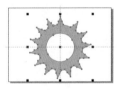

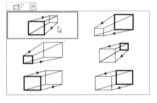

图 5-137

图 5-138

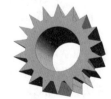

图 5-139

图 5-140

5.10.5　记事簿效果制作

操作详解：

（1）执行"文件"|"新建"菜单命令，新建一个页面文件，并用标尺和辅助线工具设定页面位置和规格，如图 5-141 所示。

（2）单击矩形工具□，在页面中拖动，绘制一个矩形。

（3）用挑选工具▶选择所绘制的矩形，选择"编辑"|"复制"菜单命令或按 Ctrl+C 组合键复制

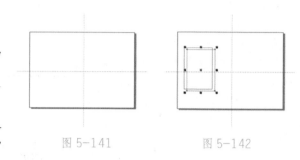

图 5-141　　　　　　　图 5-142

一个矩形对象，在选择"编辑"|"粘贴"菜单命令或按 Ctrl+V 组合键粘贴矩形对象，如图 5-142 所示。

（4）用挑选工具▶选取粘贴的对象，执行"窗口"|"泊坞窗"|"变换"菜单命令，如图 5-143 所示，此时在绘图窗口弹出如图 5-144 所示的"变换"面板。

（5）在该对话框中单击"缩放和镜像"按钮，使它处于按下状态，设置 x 轴和 y 轴的值均为 100%，使对象以原来的大小进行翻转，单击"水平镜像"按钮，使它处于按下状态，在水平方向翻转对象；选取 9 个方位复选框中的右边中间的复选框，单击"应用"按钮，对矩形对象进行翻转。

（6）在页面中依据标尺分别将两个矩形移开一段距离，如图 5-145 所示。

 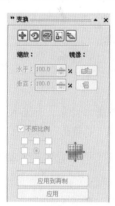 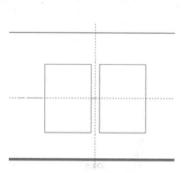

图 5-143　　　　　　　图 5-144　　　　　　　图 5-145

（7）新建另一个页面，在工具箱中单击椭圆形○工具，在属性栏中单击"椭圆形"○按钮。

（8）按住 Ctrl 键的同时按下鼠标左键并拖动，在页面中绘制两个相同的圆，如图 5-146 所示，用挑选工具▶框选两个圆形，选择"对象"|"对齐与分布"|"对齐与分

布"菜单选项，随即弹出如
图 5-147 所示的"对齐与分
布"对话框，在对话框中选
择"顶端对齐"按钮。

（9）在如图 5-148 所
示的椭圆工具属性栏中单击
"弧形" ⌒ 按钮，使其处于
按下状态，并设置弧线的起
始角度和结束角度，使弧线
与两个圆形组合在一起。

（10）用挑选工具 ▶ 选
取弧线，按 F12 弹出如图
5-149 所示的"轮廓笔"对
话框。在对话框中单击"颜色"
下拉列表框右侧的下拉按钮，
从弹出的下拉列表中选择灰

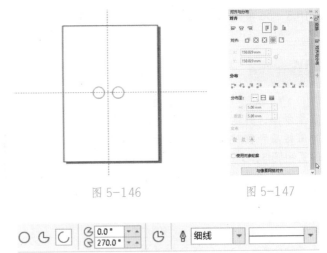

图 5-146　　　　　　图 5-147

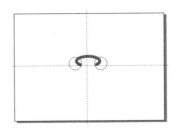

图 5-148

色；调整"宽"下拉列表中的取值为 16.0PT，并设置线宽的单位为"点"；在"线条端
头"选项区中进行设置，选取中间的单选按钮，在"转角"选项区中选取第一个单选按钮，
单击"OK"（确定）按钮，将设置应用于弧线对象，如图 5-150 所示。

图 5-149

图 5-150

（11）用挑选工具 ▶ 选取两个圆形对象，然后按 F12 键调出如图 5-151 所示的"轮
廓笔"对话框，设置"宽度"为 4，"颜色"为黑色，然后单击"OK"（确定）按钮，
效果如图 5-152 所示。

图 5-151

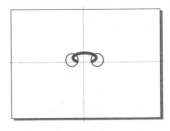

图 5-152

（12）选取弧线对象，执行"对象"|"顺序"|"到页面前面"菜单命令，如图 5-153 所示；单环扣制作完成，如图 5-154 所示。

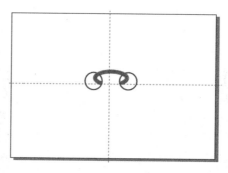

图 5-153　　　　　　　　　　　图 5-154

（13）用挑选工具▶框选环扣图样，执行"对象"|"组合"|"组合"菜单命令或按 Ctrl+G 组合键将环扣编组，并复制粘贴 8 个于矩形页面中，依照中线排列成一列。

（14）用挑选工具▶框选环扣列，执行"对象"|"对齐与分布"|"对齐与分布"菜单命令，随即弹出如图 5-155 所示的"对齐与分布"对话框，在对话框中选择"页面中心"对齐方式，效果如图 5-156 所示。

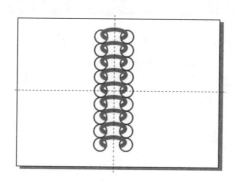

图 5-155　　　　　　　　　　　图 5-156

（15）选取页面中的矩形对象，在工具箱中单击交互式填充工具◈，在其属性栏中单击"位图图样填充"▩按钮，然后单击"填充挑选器"右边的下拉按钮，在弹出的下拉列表中选择填充图案，效果如图 5-157 所示。

（16）在工具箱中单击文本**字**工具，在左边的矩形框内按住鼠标左键并拖动，拉出一个合适大小的文本框，并输入"记事簿"，设定好合适的字体和字号，如图 5-158 所示。

图 5-157

（17）用"手绘"▦工具 在水平辅助线的帮助下在右边页面内作一条直线。按 F12 调出"轮廓笔"对话框，将宽设置为 4，颜色设

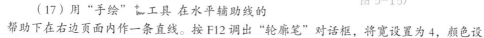

置为黑色。

（18）复制8条直线，依此在页面排列，执行"对象"|"对齐与分布"|"对齐与分布"菜单命令，将直线组对齐。

（19）将两端的直线略拉长一些，再对齐，制作即完成，如图5-159所示。

图 5-158

图 5-159

5.11 本章回顾

通过本章的学习，大家已经具体了解了CorelDRAW 2020修饰图形的各项功用。

这为以后使用CorelDRAW 2020进行图形设计打开了一扇更广阔的大门，它将使你可以创造出意想不到的图形结构和图形轮廓。但熟悉和掌握图形修饰的各项操作，需要大量和反复的上机练习才能达到对图形的熟练控制。

本章所学习的各项交互混合式工具，是CorelDRAW 2020最具特色的工具组，它可以让设计师很轻易地创作出各种复杂的图形轮廓和图形变形效果。

第 6 章
排版图文

学习要点和本章导读

· 学习 CorelDRAW 2020 的基本文字处理技巧
· 学习 CorelDRAW 2020 的文本编辑方法
· 学习 CorelDRAW 2020 的图形文本制作
· 学习 CorelDRAW 2020 的特殊字体制作
· 了解文本操作的快捷技巧

　　本章讲解了 CorelDRAW 2020 的文本使用方法，详细介绍了 CorelDRAW 2020 路径文本与图形文本的设置方法，并以实例演练的形式对本章的内容作出实战练习和进一步解析。通过本章的学习，可以基本掌握 CorelDRAW 2020 的图文处理方法。

6.1 基本文本处理技巧

在绘图中，文本处理往往是特别重要的。CorelDRAW 2020 具备专业文字处理软件和专业彩色排版软件的强大功能。这一章将详细介绍如何利用 CorelDRAW 2020 制作美观大方的段落文本及引人入胜的美术字文本。文本的基本操作很简单，通过短时间的学习就能制作出美观实用的文档。经过进一步的学习和使用，也许会发现 CorelDRAW 2020 的文本处理中包括了诸多强大的功能和广阔的应用范围。

6.1.1 CorelDRAW 2020 中的文本

文本是在 CorelDRAW 2020 中具有特殊属性的图形对象。CorelDRAW 2020 具有两种文本模式，即美术字文本模式和段落文本模式。

1. 美术字文本

在美术设计领域中，最常用到的是以美术字文本方式输入并修饰的文本。美术字文本适合制作少量文本组成的文本对象，如标题或商标等。在 CorelDRAW 2020 中，美术字文本是作为一个单独的对象来使用的，因此可以使用各种处理方法对它们进行修饰，如图 6-1 所示。

图 6-1

2. 段落文本

对段落文本的处理使 CorelDRAW 2020 完全具备了编辑排版软件的功能。它能够进行杂志报纸、产品介绍、使用说明等宣传材料的加工，同时也适用于制作小巧的特色菜单、贺年卡片中的简短祝福等。

段落文本模式是建立在美术字文本模式基础上的，它具有分栏、制表、缩进、对齐等文本处理软件的功能。

3. 美术字文本和段落文本

（1）在具体的使用中，美术文本只能和美术字文本结合，而段落文本只能和段落文本搭配。

（2）只有段落文本才能转换成 HTML 格式，美术字不能换成 HTML 格式。

（3）美术字文本和段落文本可以通过属性栏互相转换。

6.1.2 输入文本

使用键盘输入文本是最常用的操作之一。在输入文本时可以方便地设定文本的属性。

1. 输入美术字文本

选中文本**字**工具，然后在绘图页面单击，出现闪烁的插入光标，这时输入文本，然后使用挑选工具 单击选中文本框，右击，在弹出来的列表里选择"转换为美术字"（使用），将其转换为美术字。

另外，在使用挑选工具 ▶ 选中文本框的状态下，使用 Ctrl+F8 组合键也可以直接将文本转换为美术字。

2. 输入段落文本

选中文本 **字** 工具后，在绘图页面按住鼠标左键，然后拖动鼠标画出一个矩形框，这时在虚线框中即可直接输入段落文本，如图 6-2 所示。

图 6-2

3. 从剪贴板粘贴文本

对于已经编辑好的文本，只要复制到 Windows 的剪贴板中，并在绘图页面中插入光标，然后按 Ctrl+V 组合键即可从剪贴板中复制文本。

Windows 的剪贴板可以在多个文本处理程序中交换信息。对于在其他文字处理软件中已经编辑好的文本，只要复制到剪贴板中，即可在 CorelDRAW 2020 中复制。

6.1.3 编辑文本

操作详解：

（1）选中文本 **字** 工具，在页面上单击即可打开如图 6-3 所示的文本属性栏，然后按住鼠标左键，拖动鼠标即可选中文本。被选中的文本高亮反显。

图 6-3

（2）选中文本后，按 Ctrl+C 组合键即可复制选中的文本。将鼠标移到文本框中单击，该点出现插入光标，按 Ctrl+V 组合键即可粘贴剪贴板中的文本。

（3）选中文本后，单击调色板中的色块即可给选中的文本填充颜色。

（4）按住 Alt 键不放，拖动文本框。可以按文本框大小改变段落文本的大小。

（5）如果需要改变整个文本对象的段落属性或者文本属性，只要选中相应的文本对象，然后使用属性栏相应的功能修改即可。

通过属性栏设定文本很简单，只要用户拥有基本的文本处理经验，这些选项的设定一看即会。

如果用户对属性栏中的工具按钮不是很熟悉，只要将鼠标移到上面，稍候片刻即可出现提示。

6.1.4 改变文本的排列方向

对于一段文本来说，文本可以水平排列，也可垂直方向排列，如图 6-4 所示。

操作详解：

图 6-4

（1）使用挑选工具▶选中需要更改文本方向的文本。

（2）在属性栏中单击 或 按钮。

（3）这时被选中的文本已经改变了方向。

下面是一些改变文本排列方向的使用提示：

·文本的默认排列方向是水平方向。

·英文字母的垂直排列是将英文字串顺时针旋转90度。

图 6-5

·文本的旋转只能作用于整个文本对象，无法单独旋转文本段落中的特定文本对象。

·美术字文本和段落文本都可以更改文本方向。

·使用挑选工具▶选中文本块后，这个文本块就是一个普通的图形对象，可以使用旋转普通图形对象的方法来更改文本方向，如图 6-5 所示。

6.1.5 设置间距

使用文本**字**工具选中文本，单击属性栏中的 按钮，即可进入"段落格式化"对话框，如图 6-6 所示。

通过格式化文本对话框的"段落"选项卡，可以设定文本的段落格式，例如，字间距、字符间距与段前／段后间距等。

1. 字符

可设定范围为–100%~2000%。200%时刚好是一个汉字的距离。对于英文字母来说，大部分字母的宽度不一，加上大小写的区别，每个字母之间会出现相等的间距，如图 6-7 所示。

2. 字

对于英文字母来说，每个字母的间距设置范围为 0%~2000%，系统默认为100%，刚好是一个字母的宽度。如果字符间距设为0%时，字符之间没有间距，就会产生无法识别的错误，如图 6-8 所示。

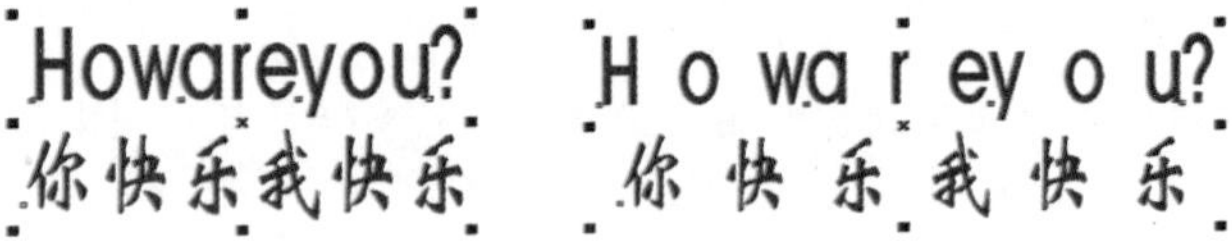

图 6-6

Howareyou?
你快乐我快乐

H o w a r e y o u?
你 快 乐 我 快 乐

（20%的字符间距和100%的字符间距）

图 6-7

How are you ?
你快乐我快乐

How are you ?
你 快 乐 我 快 乐

（100%的字间距和200%的字间距）

图 6-8

3.行

设置每行之间的距离。可选择范围为 0%～2000%。系统默认为 100%，也就是每个字符的高度，如图 6-9 所示。

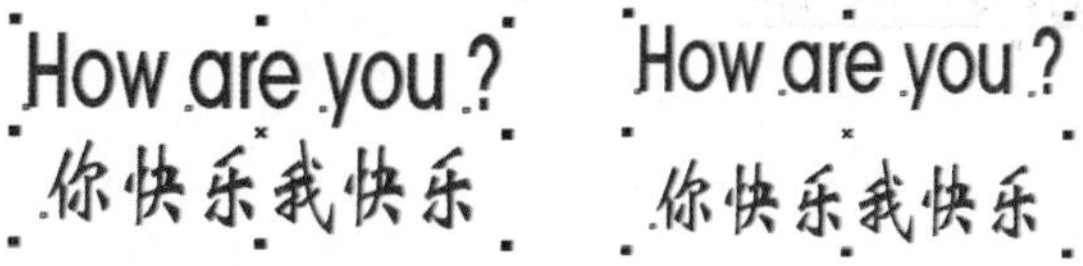

（100%的行间距和 140%的行间距）

图 6-9

4.用鼠标交互式调整文本间距

使用形状 工具选中文本，这时文本处于节点编辑状态，如图 6-10 所示。

（1）如果需要调整字间距，拖动文本框下边的图标，到合适的位置后松开鼠标即可，如图 6-11 所示。

（2）如果需要不等间距地调整文字间距，使用形状 工具拖动文字左下角上的节点即可。按住 Shift 键，以加选的方式选中多个节点，然后拖动节点即可一次移动多个文字，如图 6-12 所示。

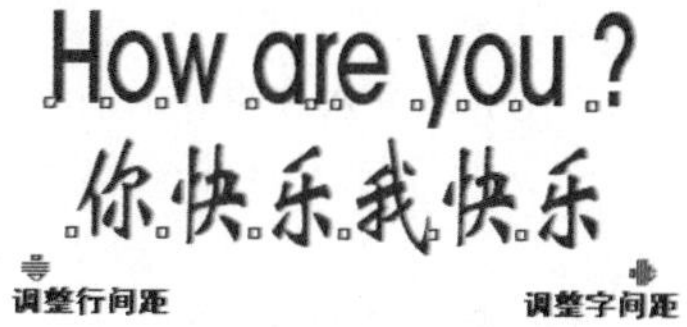

图 6-10

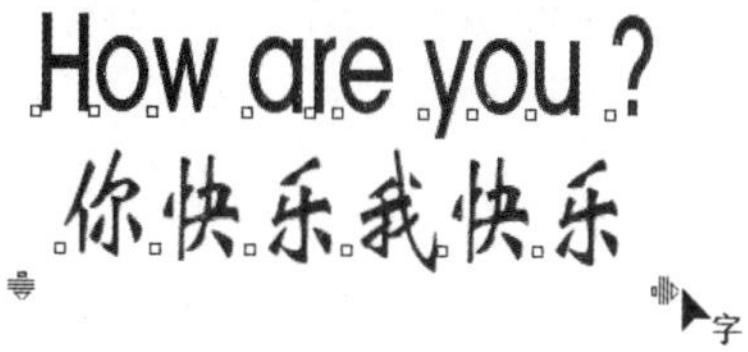

图 6-11

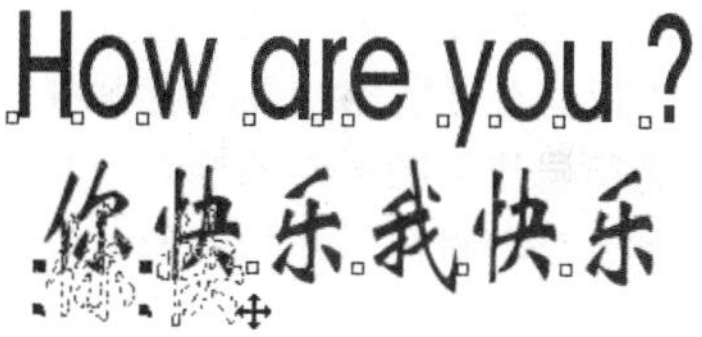

图 6-12

6.1.6　文本嵌线和上下标

1.添加下划线、上划线和删除线

添加文本嵌线的操作详解：

（1）使用文本 **字** 工具选中需要处理的文本。

（2）单击属性栏中的 按钮进入"文本"泊坞窗。单击 A 选中"字符"选项卡，出现如图 6-13 所示的设置区。

（3）单击 U 和 ab 下拉列表框，根据需要选择下划线、上划线和删除线的种类，如图 6-14 所示。

（4）单击各种轮廓后面的按钮，即可设定嵌线粗细及和文本之间的距离，如图 6-15 所示。

图 6-13

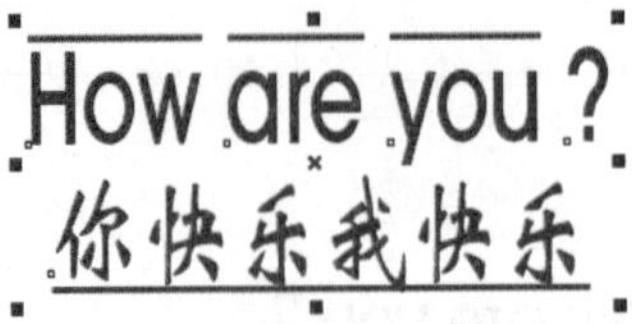

图 6-14　　　　　　　　　　　　图 6-15

2. 设置文本的上下标

操作详解：

（1）使用文本**字**工具选中需要做上下标的文本，单击属性栏中的 A_a 按钮进入"文本"泊坞窗。

（2）单击 A 选中字符标签，然后单击位置 X_2 下拉列表框，选择相应的选项即可，如图 6-16 所示。

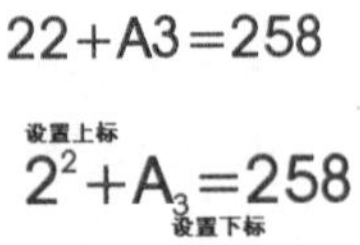

$22+A3=258$

设置上标
$2^2+A_3=258$
设置下标

图 6-16

6.1.7　插入特殊符号

符号字体包含可作为图形对象或文本对象插入文档的特殊字符，用户可以访问各种符号，包括国际字符、数学符号、货币符号、书法装饰形状、形状、星形、箭头和其他按主题组织的符号。如果我们想在 CorelDRAW 中插入一些特殊的符号字体，具体怎么做呢？插入特殊符号字体的方法有哪些？

1. 将符号作为图形对象插入

接下来讲解将符号作为图形对象插入的方法。

操作详解：

（1）执行"文本"|"字形"菜单命令，如图 6-17 所示。

（2）在"字形"泊坞窗中可以看到很多各种各样的符号字符，如图 6-18 所示。

（3）从"整个字体"下拉列表框中选择"整个字体"，然后从中选择一个符号，并单击"复制"按钮。将光标移动至要插入符号的地方，使用 Ctrl+V 组合键将符号粘贴进来。

对粘贴进来的符号，可以像对其他图形对象一样，调整其大小、颜色，并对其进行旋转或调整形状，如图 6-19 所示。

图 6-17

图 6-18

调整符号大小　　　　　　　旋转符号　　　　　　　　变形符号

图 6-19

选择不同的字体，"字形"泊坞窗就会出现不一样的符号字符，如图 6-20 所示。

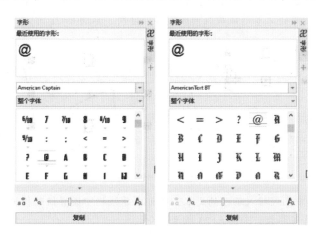

图 6-20

2. 将符号作为文本对象插入

要将符号作为文本对象插入，可以采用如下两种方法更为简单。

（1）直接单击选中某个符号不放，然后拖动到页面上松手。

（2）使用文本工具，在页面的空白位置上单击一下，就会出现一个闪烁的光标，鼠标双击符号"文本"泊坞窗中的某个符号即可。

图 6-21 就是综合使用上述两种方法插入的符号对象。

此时的符号作为一个文本，要修改大小可以直接在页面上方修改字体大小的那栏里面修改大小，符号与文本的字体相匹配，可作为文本字符进行编辑。

Lorem ⇨ ipsum

图 6-21

6.2 制作文本效果

可以将美术字文本沿着特定的路径排列，也可以使用普通对象的变形方法来变形对象。使用这些方法，可以制作出一些很好看的文本效果。

6.2.1　沿路径排列文本

使用这个功能，可以将美术字文本沿特定的曲线来排列，从而得到特殊的文本效果。对于沿路径排列的文本，只要改变其曲线路径，文本的排列也会随之改变。

操作详解：

（1）选中需要处理的文本。

（2）执行"文本"｜"使文本适合路径"菜单命令，这时鼠标光标变成黑色的向右箭头，单击曲线即可将文本沿该曲线构成的路径排列，如图 6-22 所示。

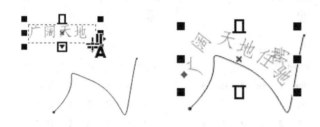

图 6-22

（3）这时选中已经填入路径的文本，即可在属性栏中设置沿路径排列的位置、与路径曲线的距离等许多参数，如图 6-23 所示。

图 6-23

将文本填入路径后，可以将路径曲线填充成透明或者删除路径曲线，只保留文本，如图 6-24 所示。

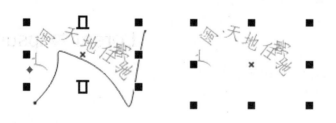

图 6-24

1.取消文本沿路径排列

有如下两种方法：

（1）选中作为路径的曲线，按 Delete 键将其删除。

（2）选中沿路径排列的文本，执行"文本"｜"对齐至基线"菜单命令，即可恢复原来的状态，如图 6-25 所示。

图 6-25

2. 删除路径曲线

文本按照设计者的意图形成各种走向后，删除与之动态连接的路径对文本不会产生任何影响。而且如果这个路径本身并不是图形的一部分，那么路径曲线的存在会影响设计的视觉效果。这时就可以删除路径曲线，如图 6-26 所示。

选中路径曲线，然后按下 Delete 键即可删除路径曲线。在选取路径曲线时，要注意状态栏的提示信息，只有出现控制曲线所在图层时，才代表选取是正确的。最好的方法是使用"对象"泊坞窗选取对象。单击图层中的曲线，即可选中控制路径的曲线，这时按 Delete 键，即可快速删除路径曲线。

图 6-26

6.2.2　对文本应用封套技术

封套效果对文本也可以使用，许多意想不到的文本效果就是这样实现的。与段落文本相比，美术字文本更接近于 CorelDRAW 2020 中的图形，因此对美术字文本来说，无论从添加封套的步骤、编辑方法和效果来看都与其他图形无异。

操作详解:

（1）选中需要添加封套的文本。

（2）在工具箱中选中封套 █ 工具。这时被选中的文本周围会自动出现一个由节点控制的矩形封套。用鼠标拖动节点，即可更改封套的外观，如图 6-27 所示。

（3）使用 CorelDRAW 2020 中的封套技术，可以自由调整封套的外观。

当封套技术作用于段落文本时，可以任意编辑段落文本的外部形状。但是这种编辑不会改变段落字体，而仅是对其整体形状进行修改，如图 6-28 所示。

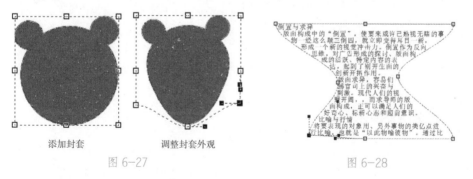

添加封套　　　　调整封套外观

图 6-27　　　　　　　　　　　　　　　　　图 6-28

6.2.3　内置文本

在 CorelDRAW 2020 中不但可以修改文本的排列形状，而且还可以将文本放入设计好的图形对象当中。例如，可以直接将文本放到为文本开辟的椭圆空间中去。这种技术称为内置文本。

内置文本是将输入的美术字文本或段落文本置入特定对象中，将文本动态连接到对象内部，并根据对象形状改变文本框形状的一种方式。

操作详解：

（1）使用挑选工具 ▶ 选中需要内置的文本。

（2）用鼠标左键将文本拖曳到五边形内部，当光标变为带有十字形的圆环时，松开鼠标即可。

一旦文本置入特定对象后，便自动转换为段落文本。从某种角度讲，内置文本与封套有相似之处。

若要使文本与对象完全吻合，则选中文本，然后执行"文本"|"段落文本框"|"使文本适合框架"菜单命令，此时文本将自动调整字号，填满框架对象，如图6-29所示。

图 6-29

6.2.4　重新对齐文本

在具体的绘图操作中，对于某些移动位置的文本串，用户往往希望将它们重新对齐。这时可以使用对齐基准线功能重新对齐文本。

操作详解：

（1）选中需要处理的文本串。

（2）执行"文本"|"对齐基线"菜单命令，如图6-30所示。

对于沿路径分布的文本，对齐基线的功能只是简单将文本对齐，有可能造成文本的重叠现象。

使用对齐文本基线功能可以将文本完全拉伸复原。选中文本后，执行"文本"|"对齐基线"菜单命令即可。

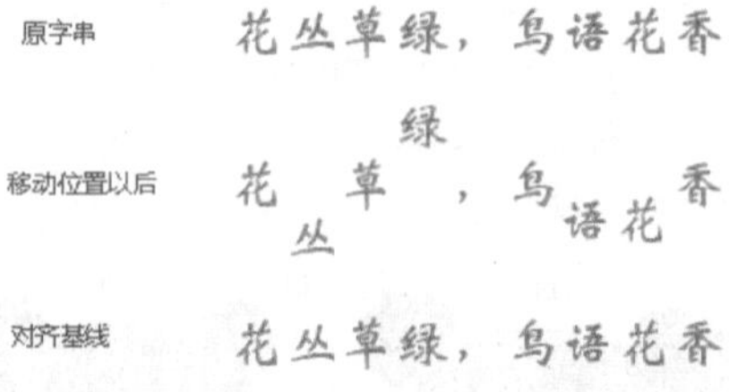

原字串　　花丛草绿，鸟语花香

移动位置以后　　花　　草　，鸟　　香
　　　　　　　　丛　　　　　语花

对齐基线　　花丛草绿，鸟语花香

图 6-30

6.2.5　添加项目编号

在文本处理工作中，项目编号式文本是最常见的文本类型之一。项目编号式文本与普通段落文本的最大区别是：项目编号式文本前通过添加编号和一定的缩进量来突出文本。项目编号式文本常用于体现有并列关系的段落文本，使阅读变得容易，重点突出。

1. 添加项目列表

通常情况下，利用文本**字**工具的属性栏为段落文本添加编号。

可以通过属性栏为某个单一的段落添加编号。

操作详解：

（1）选中文本**字**工具单击并选中段落文本，将光标定位到需添加编号的特定段落。

（2）单击属性栏上的"编号列表" ▤ 按钮。该段文本即添加了编号，如图6-31所示。

也可以为文本对象的全部段落一次性添加编号。

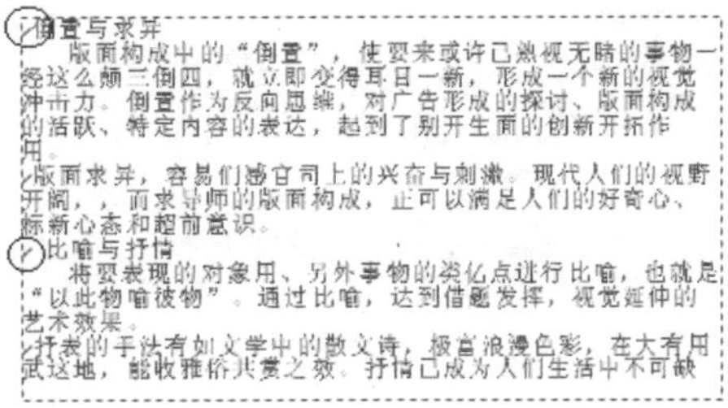

图 6-31

操作详解：

（1）在工具箱中选中挑选工具 ▸。

（2）单击并选取整个文本，显示出如图6-32所示的文本属性栏。

图 6-32

（3）单击属性栏中的"编号列表" ▤ 按钮，即可为全部文本添加默认的编号。

删除编号与添加编号的步骤一样。首先选择欲删除编号的段落，然后单击属性栏中的"编号列表" ▤ 按钮，该段落的编号即被删除。

使用格式化文本对话框，可以在导入或键入文本时添加编号，只需在对话框单击相应按钮即可。

2. 修改编号

在 CorelDRAW 2020 中默认的点状编号对大多数用户来说，显得过于单调。下面介绍如何使用自己定义的编号。

操作详解：

（1）在工具箱中选取文本**字**工具，拖动鼠标选择欲添加编号的段落。

（2）执行"文本"｜"项目符号和编号"菜单命令，打开"项目符号和编号"对话框，如图6-33所示。

（3）在"字体"下拉列表框中选择一种符号字体，在"字形"下拉列表中选择一种符号。在"大""小"文本框中输入符号的大小数值。默认编号的大小与所选段落文本的字体大小相同。在"基线位移"文本框中输入位置偏移大小。输入正值时，符号相对于文本的位置升高; 输入负值时,符号相对于文本的位置降低。设置好的对话框如图6-34所示。

图 6-33　　　　　　　　　　　　　　　　　　图 6-34

（4）单击"应用"或"OK"（确定）按钮，将修改的编号添加到段落中，如图6-35所示。

原图　　　　　　　　　　　　　　　　　　修改后

图 6-35

6.2.6　使用样式

对所选取的文本应用样式，可以快速改变文本属性以适应自己的要求。

文本样式定义了文本的种种属性，例如：字体、间距、对齐方式等。CorelDRAW 2020提供了十种文本样式，这些样式放置在文本工具属性栏中的对象样式列表下拉列表框中，如图6-36所示。

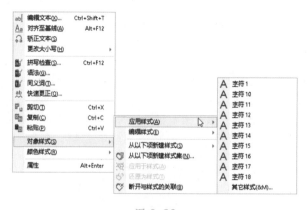

图 6-36

1. 对文本应用样式

操作详解：

（1）用文本**字**工具在对象上双击鼠标将其选中，然后单击鼠标右键，从弹出的快捷菜单中选择"对象样式" | "应用样式"命令，再从弹出的下拉列表中的可应用的样式名称中选择需要的样式。

（2）选择文本样式后，该样式即被应用到所选文本中了。图 6-37 为应用了"字符 3"样式的段落文本。

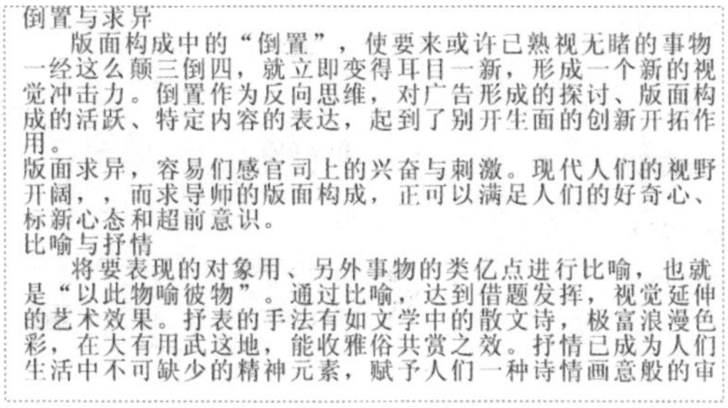

倒置与求异
　　版面构成中的"倒置"，使要来或许已熟视无睹的事物一经这么颠三倒四，就立即变得耳目一新，形成一个新的视觉冲击力。倒置作为反向思维，对广告形成的探讨、版面构成的活跃、特定内容的表达，起到了别开生面的创新开拓作用。
版面求异，容易们感官司上的兴奋与刺激。现代人们的视野开阔，，而求导师的版面构成，正可以满足人们的好奇心、标新心态和超前意识。
比喻与抒情
　　将要表现的对象用、另外事物的类亿点进行比喻，也就是"以此物喻彼物"。通过比喻，达到借题发挥，视觉延伸的艺术效果。抒能的手法有如文学中的散文诗，极富浪漫色彩，在大有用武之地，能收雅俗共赏之效。抒情已成为人们生活中不可缺少的精神元素，赋予人们一种诗情画意般的审

图 6-37

2. 新建文本样式

在 CorelDRAW 2020 中，用户可以自己定义一个样式并保存到文本样式列表中，供随时选用。下面利用"对象样式"泊坞窗来新建文本样式。

操作详解：

（1）用文本**字**工具在应用了文本样式的对象上双击鼠标将其选中，然后单击鼠标右键，从弹出的快捷菜单中选择"对象样式" | "从以下项新建样式"命令，在弹出的下拉列表中选中"字符""段落"或"透明度"菜单命令，如图 6-38 所示。

（2）比如选择"段落"，然后弹出如图 6-39 所示对话框，在"新样式名称"文本框中输入新建样式的名称，然后单击"OK"（确定）按钮。

图 6-38

图 6-39

在打开的"对象样式"泊坞窗中的样式列表中就可以看到新建的样式了，如图 6-40 所示。

执行"窗口" | "泊坞窗" | "对象样式"菜单命令，在"对象样式"泊坞窗中，单

133

击选中某个文本样式，然后在下面修改各种间距、缩进和对齐方式等参数，就可以对文本样式进行修改。也可以在"对象样式"泊坞窗的"样式"右侧直接单击"新风格"按钮来创建新的文本样式，如图 6-41 所示。

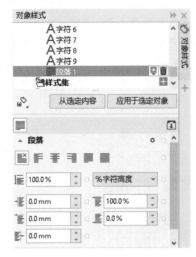
图 6-40

图 6-41

6.3 将文本转换成曲线

文本对象的特殊属性使得文本可以随时更改文本内容、字体、字号等，同时这些特殊属性也会产生一些操作上的不便，例如，不能将汉字的部首随便拆开。通过排列菜单中的文字转换成曲线功能，可以避免这些限制，使得绘图更具弹性。

6.3.1 创建自定义文本

在实际的文本编辑中，经常会遇到这样的情况：当需要输入某个汉字时，尽管这个汉字确实是存在的，但就是在各种字库中找不到。中文数万个汉字，一种计算机字库是不可能收集完全的。使用 CorelDRAW 2020 就可以轻松地创建出这样的汉字字体。

操作详解：

（1）使用"文本字工具在绘图页面输入两个各具所需偏旁的汉字，如图 6-42 所示。

（2）依次使用挑选工具选中文本，执行"对象"|"转换为曲线"菜单命令，将其转换成曲线。

（3）依次执行"对象"|"拆分曲线"菜单命令，将转换成曲线的文字字体打散，如图 6-43、图 6-44 所示。

图 6-42

（4）通过多次移动对象的操作，将需要的部首结合在一起，即可得到需要的字体。

（5）使用挑选工具 ▶ 框选对象，然后在属性栏中单击"闭合曲线" ▷ 按钮，即可通过闭合功能完成新的汉字字体，如图6-45所示。

| 图6-43 | 图6-44 | 图6-45 |

如果新生成的文本笔画有交叉的地方，可以在文本基本成型的时候将各部分偏旁焊接在一起（使用挑选工具 ▶ 选中各偏旁后，单击属性栏的"焊接" 🔁 按钮即可）。

6.3.2 制作特殊字体

对于已经制作好的字体，就可以将其输入到操作系统的字库中。

具体的步骤如下：

（1）使用挑选工具 ▶ 选中对象，然后单击标准工具栏中的"导出" ⬆ 按钮，弹出"导出"对话框。

（2）选择一个文件夹用来存储字体，并且输入保存字体的文件名称，在"保存类型"下拉列表中选择"TTF-True TYpe Font"，选中"只是选定的"复选框，如图6-46所示。

（3）单击"导出"按钮，将该字体导出到所选中的文件夹下。

（4）打开 Windows 的控制面板，单击右上角的"查看方式"，在下拉列表中选择"大图标"，然后单击"字体"选项按钮，打开如图6-47所示的"字体"窗口，将刚导出的字体文件"造字1"直接拖入该窗口进行安装即可。

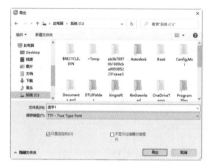

图6-46

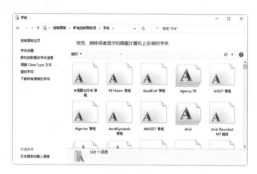

图6-47

6.4 本章操作技巧

6.4.1 常用文本快捷操作

（1）在进行文本编辑时，使用 Ctrl+T 可以直接打开格式化文本对话框。

（2）在进行文本编辑时，使用 Ctrl+ Shift+T 可以直接打开编辑文本窗口。

（3）在进行文本编辑时，使用 Ctrl+B、Ctrl+I、Ctrl+U 可以使选取文本转换为粗体、斜体和具有下划线效果。

（4）在进行文本编辑时，使用"Ctrl+，"可以使选取的文本以水平排列，使用"Ctrl+。"可以使选取文本以垂直排列。

（5）在进行文本编辑时，使用 Ctrl+ Shift+D 可以显示或隐藏首字下沉。

6.4.2 为样式定义快捷键

为样式定义快捷键后，在编辑文本过程中就能够使用快捷键迅速应用样式，而不必再从样式列表框中选取。这样就大大加快了文本的编辑速度。

操作详解：

（1）执行"窗口"|"泊坞窗"|"对象样式"菜单命令，打开"对象样式"泊坞窗。

（2）在需要设置快捷键的文本样式上单击鼠标右键，在弹出的快捷菜单中选择"指定键盘快捷键"。

（2）在打开的对话框的"新建快捷键"文本框中，按键盘上的按键设置要使用的快捷键，如"Ctrl+8"，并选中"指定并转至冲突"项，然后单击"指定"按钮，最后单击"OK"（确定）按钮即可，如图 6-48 所示。

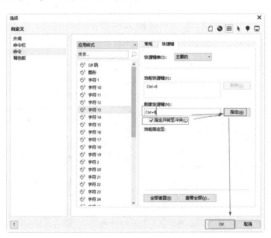

图 6-48

在"对象样式"泊坞窗的样式列表框选择其他的文本样式，即可为这些文本样式分别设置快捷键。

6.5 技艺拓展

6.5.1 变形文字效果

操作详解：

（1）使用"文本**字**工具在页面中输入文字，然后使用挑选工具▶选取文本，选择交互式填充工具◆，在属性栏单击"底纹填充"▦按钮，再单击"编辑填充"按钮，在打开的"底纹填充"对话框中，在"底纹库"下拉列表选择"样本9"，在"填充"下拉列表框中选择"太阳耀斑"项，然后单击"OK"（确定）按钮，如图6-49所示。

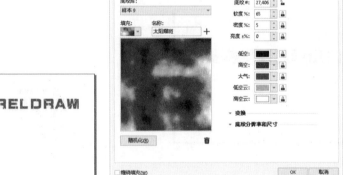

图 6-49

（2）这时所选文本被所选择的底纹填充，如图6-50所示。

（3）图6-51为选择3种不同底纹时，文本显示的不同状态。

图 6-50　　　　　　　　　　　　　　　　图 6-51

（4）在交互式填充工具 ◇ 属性栏中单击"位图图样填充" ▨ 按钮。单击"编辑填充"按钮，在打开的"位图图样填充"对话框中，在"填充"下拉列表框中选择"石子图样"，如图 6-52 所示，单击"OK"（确定）按钮，文本被所选图样填充。

（5）选择前面被位图填充的文本，使用阴影 ▢ 工具在文本下方单击，建立投影点，如图 6-53 所示。

（6）向文本斜上方拖动投影点，使文字出现如图 6-54 所示的投影。

图 6-52　　　　　　　　图 6-53　　　　　　　　图 6-54

（7）如果感觉投影的方向和角度不理想，可以再次拖动投影点来调整投影的角度和范围大小，如图 6-55 所示。

（8）在这里还可以设置阴影的羽化方向，在属性栏单击"阴影羽化方向" ▨ 按钮，这里将羽化方向设定为"中间"，如图 6-56 所示。

图 6-55　　　　　　　　　　　　　图 6-56

（9）如果想让文本的投影变得更加柔和，可以在属性栏单击"羽化边缘" ▨ 按钮，在弹出的下拉列表中选择"反白方形"。

（10）使用挑选工具 ▸ 将文本拉长，如图 6-57 所示；文本被拉长后，文本阴影会一起被拉长，如图 6-58 所示。

图 6-57　　　　　　　　　　　　　图 6-58

（11）选取阴影字，再使用封套 工具，向文本中心拖动文本右下脚的控制点，如图 6-59 所示。

（12）拖动后，文本呈现的变形状态如图 6-60 所示。可多次拖动不同的控制点以制作更为复杂的变形效果。

图 6-59   图 6-60

至此，变形字制作完成。

6.5.2 环绕文字效果

操作详解:

（1）执行"文件"｜"新建"菜单命令，新建一个页面文件。

（2）将鼠标指针移至标尺左上角横、纵坐标，按住鼠标左键并拖动，将原点定于页面左下角顶点处，如图 6-61 所示。

（3）单击工具箱中的"椭圆形" ○工具，按住 Ctrl 键的同时并拖动，在页面中画一个正圆，并在如图 6-62 所示的属性栏中设置其圆心为（150，100），直径为160，绘制的圆如图 6-63 所示。

图 6-61

X: 150.0 mm   160.0 mm   152.1 %
Y: 100.0 mm   160.0 mm   165.8 %   0.0

图 6-62

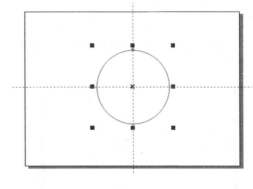

图 6-63

（4）选中工具箱的文本**字**工具，当鼠标指针变成 **A** 形状时，按住鼠标左键并拖动，在页面中绘制一个文本框，然后在文本框中输入文本。

（5）在文本框内输入文本 2002KOREA & JAPAN FIFA WORLD CUP。

（6）在文本工具属性栏中设置文本属性，如图 6-64 所示，得到如图 6-65 所示的文本字样。

图 6-64

（7）选取输入的文字，执行"文本"｜"转换为美术字"菜单命令或按"Ctrl+F8"组合键，将文本转换成美术字。

（8）选择工具箱中的交互式填充工具 ◇，单击属性栏中的"渐变填充" ▨ 按钮，然后单击最右侧的"编辑填充" ▨ 按钮，弹出如图 6-66 所示的"编辑填充"对话框。

（9）在"编辑填充"对话框的"预设"下拉列表框中选择"婴儿"选项，单击"OK"（确定）按钮，即可得到如图 6-67 所示的渐变填充效果。

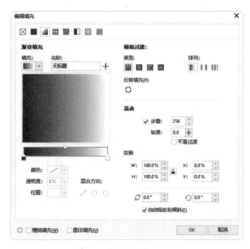

图 6-66

图 6-65

2002 KOREA
& JAPAN
FIFA WORLD

图 6-67

（10）用挑选工具 ▶ 选取美术文本，执行"文本"｜"使文本适合路径"菜单命令。

（11）当鼠标指针变成 ﹁形状时，将箭头移到最开始绘制的路径圆上，如图 6-68 所示，单击鼠标左键得到如图 6-69 所示的环绕效果。

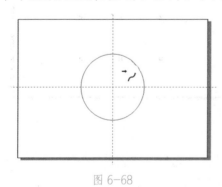

图 6-68

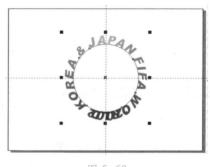

图 6-69

（12）用挑选工具 ▶ 圈选全图，在如图 6-70 所示的属性栏中设置环绕属性："与路径距离"为 3，"水平偏移"为 3，效果如图 6-71 所示。

图 6-70

（13）选取路径圆，使用 F12 键打开"轮廓笔"对话框，将其轮廓"宽度"设置为"无"，如图 6-72 所示，然后单击"OK"（确定）按钮，得到如图 6-73 所示的文字效果。

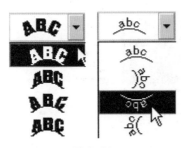

图 6-71

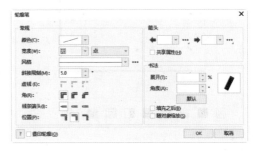

图 6-72

（14）执行"文件"｜"导入"菜单命令，导入"地球 .tif"文件，并调整到合适大小。

（15）选取球，如图 6-74 所示，执行"编辑"｜"复制"菜单命令。

（16）激活当前绘制环绕文字的工作区，执行"编辑"｜"粘贴"菜单命令，并在属性栏中确定其中心与路径圆重合。

（17）一个以环绕文字为主题的图案就绘制成了，如图 6-75 所示。

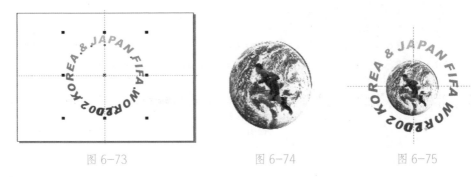

图 6-73　　　　　　　　图 6-74　　　　　　　　图 6-75

6.5.3　浮雕文字效果

本练习在于透镜和底纹的填充，以及对齐对象的操作和群组技巧的灵活运用。

操作详解：

（1）执行"文件"｜"新建"菜单命令，新建一个页面文件。

（2）单击工具箱中的矩形□工具，或使用快捷键"F6"，按住鼠标并拖动，在页面中绘制一个矩形，如图 6-76 所示。

（3）用挑选工具 ▶ 选取矩形，选择工具箱中的交互式填充工具 ◇，弹出其属性栏，如图 6-77 所示。单击"底纹填充对话框" ▦ 按钮，然后单击属性栏中的"编辑填充" ▣ 按钮，打开如图 6-78 所示的"底纹填充"对话框。

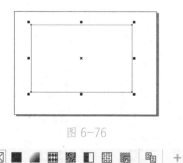

图 6-76

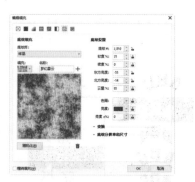

图 6-78

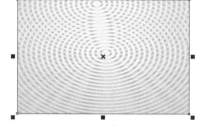

图 6-77

（4）在"底纹填充"对话框的"填充"下拉列表框中选择"蜘蛛网"选项，在对话框下方区域可以看到预览图，其设置选择默认即可，单击"OK"（确定）按钮完成底纹填充的设置，最终效果如图 6-79 所示。

（5）单击工具箱中的文本字工具，或使用快捷键 F8，当鼠标指正变成 ✛ 形状时，按住鼠标并拖动，在页面中绘制一个虚线轮廓的文本框。

图 6-79

（6）在文本框中输入文字"浮雕"。

（7）按照图 6-80 中参数，在属性栏中对文字进行设置，得到如图 6-81 所示的效果。

（8）选取输入的文字并进行复制：副本 A 和副本 B，效果如图 6-82 所示。

图 6-80

图 6-81

图 6-82

（9）分别选取源文件和两个副本，执行"文本" | "转换为美术字"菜单命令，或使用快捷键 F8 将所有的文本转换成美术字。

（10）用挑选工具▶选取源文本，然后执行"效果"|"透镜"菜单命令，如图6-83所示，随即弹出如图6-84所示的"透镜"面板。

（11）在"透镜"面板中，单击"无透镜"按钮，在下拉列表框中选择"透明度"选项，"比率"设置为20%，"颜色"为黑色，对选取的对象单击应用透镜操作。

（12）选取副本A，重复第11步，不同的是，把颜色改为白色（图6-85），效果如图6-86所示。

图6-83　　　　　　　　　　图6-84

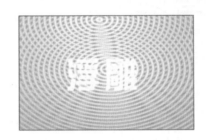

图6-85　　　　　　　　图6-86

（13）用挑选工具▶选取副本B，选择交互式填充工具◈，然后单击属性栏中的"底纹填充"▦按钮，再单击"编辑填充"按钮，打开"底纹填充"对话框。在"底纹库"下拉列表中选择"样本6"，在"填充"下拉列表中选择"刹车灯"选项，其余按默认参数（图6-87），效果如图6-88所示。

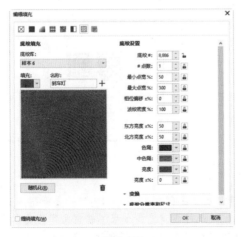

图6-87　　　　　　　　　图6-88

（14）选取副本 A，执行"对象"｜"顺序"｜"到图层前面"菜单命令。

（15）用挑选工具 将副本 A 移至源文本处，但是要与源文本保留一定的偏移量，效果如图 6-89 所示。

（16）圈选叠加文本，执行"对象"｜"组合"｜"组合"菜单命令，将其编组。

（17）选取副本 B，重复第 14 步，执行"对象"｜"顺序"｜"到图层前面"菜单命令，将副本 B 移至最前面。

（18）将副本 B 与第 16 步得到的叠加字组重叠，使得副本 B 与副本 A 基本重合，效果如图 6-90 所示。

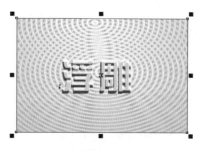

图 6-89

图 6-90

（19）圈选最终叠加文本，执行"对象"｜"组合"菜单命令，把组合字编组。

（20）圈选全图，包括叠加的文本组和背景框，执行"对象"｜"对齐和分布"｜"对齐和分布"菜单命令，弹出如图 6-91 所示的"对齐和分布"对话框。

（21）在"对齐和分布"对话框中选取垂直"居中"和水平"居中"两个复选框，单击"应用"按钮，浮雕文字就绘制完成了，如图 6-92 所示。

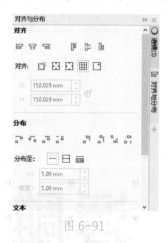

图 6-91

图 6-92

注意： 叠加文本时要注意偏移量，如太小得到的效果不明显，太大得到的文字浮雕立体效果失真，应多尝试予以比较。此外要注意，如果不转化文字为美术字，则透镜功能就不能使用。若遇到不顺利的操作时，可以在这方面查找原因。

6.5.4 时钟倒影效果

本练习旨巩固先前学过的环绕文字制作技术，以及文本**字**工具与阴影▢工具的综合应用。

操作详解：

（1）执行"文件"|"新建"菜单命令，新建一个页面文件。

（2）将鼠标指针移至标尺框左上角横、纵坐标交汇处，按住鼠标并拖动，将原点定于页面左下角顶点处，如图6-93所示。

（3）单击工具箱中的椭圆形○工具，按住Ctrl键的同时按下鼠标左键并拖动，在页面中画一个正圆，分别从垂直和水平标尺上拖一条辅助线，使辅助线交汇于路径圆的圆心上（图6-94）。

（4）在如图6-95所示的属性栏中设置其圆心（110，100），直径为110。

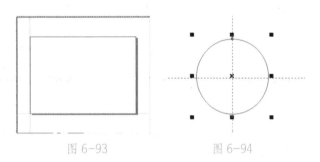

图6-93　　　　　　　　图6-94

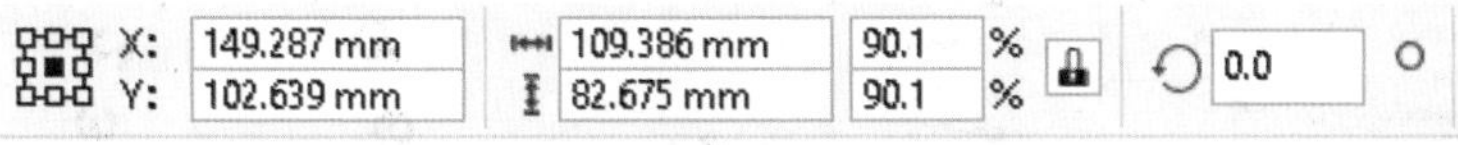

图6-95

（5）在工具箱中选中文本**字**工具，当鼠标指针变成⁺ₐ形状时，按住鼠标并拖动，在页面中绘制一个文本框，然后在文本框中输入文字。

（6）在文本框中输入数字：1、2、3、4、5、6、7、8、9、10、11、12。

（7）选取文本，在文本属性栏中设定数字文本属性（图6-96）。得到如图6-97所示的效果。

图6-96

（8）用挑选工具▸选取文字，执行"文本"|"转换为美术字"菜单命令，然后执行"文本"|"使文本适合路径"菜单命令。

（9）当鼠标指针变成⇥形状时，将箭头移到最开始绘制的路径圆上（图6-98），单击鼠标左键，得到如图6-99所示的环绕效果。

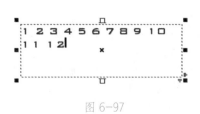

图6-97

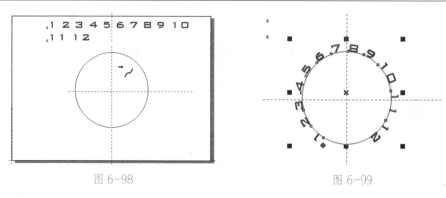

图 6-98   图 6-99

（10）框选全图，在如图6-100所示的属性栏中设置环绕属性：具体如图6-101所示。

图 6-100   图 6-101

（11）选取路径圆，使用F12快捷键调出"轮廓笔"对话框，将其轮廓"宽度"设置为"无"（图6-102），得到如图6-103所示的环绕效果。

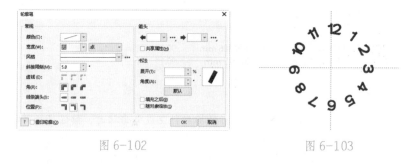

图 6-102   图 6-103

（12）框选全图，执行"对象"｜"组合"｜"组合"菜单命令，将所绘制表盘编组。

（13）单击工具箱中的"多边形"工具。

（14）在多边形的属性栏中设置边数为3，如图6-104所示，即要求绘制三角形。

图 6-104

（15）按住鼠标并拖动，在页面内绘制一个三角形，并将三角形摆在中线位置，底端放在圆心上。

（16）用挑选工具▶选取三角形，选择交互式填充工具◈，单击属性栏中的"填充色"按钮，在打开的（图6-105）下拉框中选取黑色，把分针填充为黑色，得到如图6-106所示的效果。

图 6-105

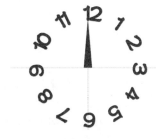

图 6-106

（17）重复步骤第 15~17 步，绘制一个三角形作时针，使其相对于分针略短。

（18）在如图 6-107 所示的属性栏中设置时针，然后把底端放在圆心上，如图 6-108 所示。

图 6-107

（19）单击工具箱中的椭圆形○工具，按住鼠标并拖动，在页面内绘制一个与表盘同心的小圆形，将其填充为黑色。

（20）用挑选工具▶框选全图，执行"对象"｜"组合"｜"组合"菜单命令，将整个表面编组，如图 6-109 所示。

（21）用挑选工具▶选取表面，单击工具箱中的阴影□工具，将指针箭头移至表盘上"6"的位置，按住鼠标并拖动，在指针方向就可以看到阴影方位预览，如图 6-110 所示，在合适位置释放鼠标。

图 6-108　　　　　图 6-109　　　　　图 6-110

（22）在如图 6-111 所示的属性栏中设置：阴影羽化程度为 5；阴影的不透明度为 95。

图 6-111

（23）到此，投影钟表绘制完成，如图6-112所示。

6.5.5 砖块文字效果

图6-112

操作详解:

（1）执行"文件"|"新建"菜单选项，新建一个页面文件。

（2）单击工具箱中的文本**字**工具按钮，按住鼠标左键并拖动，在页面中绘制一个文本框。

（3）在文本框中输入汉字"砖块"。

（4）在如图6-113所示的属性栏："文本"面板中设置其属性。效果如图6-114所示。

图6-113

砖块

图6-114

砖块

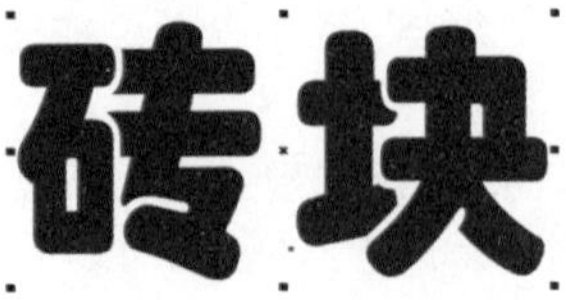

图6-115

图6-116

（5）选取输入的文字，执行"文本"|"转换为美术字"菜单命令，将文本转换成美术字，如图6-115所示。

（6）选取美术字，先后选择"编辑"|"复制"和"编辑"|"粘贴"菜单选项，将美术字复制一个副本，如图6-116所示。

（7）选取副本，先暂时将副本移至页面以外。

（8）选取页面中的原本，选择交互式填充工具◇，单击属性栏中的"PostScript填充"▦按钮，然后单击"编辑填充"按钮，弹出"PostScript底纹"对话框，如图6-117所示。

（9）在"填充底纹"下拉列表框选择"砖"，并设置："频度"为1；"行宽"为20；"前景灰"为100；"背景灰"为30。最后单击"OK"（确定）按钮，得到如图6-118所示的效果。

图6-117

砖块

图6-118

（10）选取美术字，按 F12 键调出"轮廓笔"对话框，按照如图 6-119 所示设置轮廓笔属性，效果如图 6-120 所示。

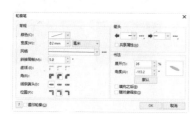

图 6-119   图 6-120

（11）单击工具箱中的立体化⊕工具，当鼠标指针变为形状时按住鼠标左键并向左拖动（图 6-121），拖动至合适位置释放鼠标，效果如图 6-122 所示。

图 6-121   图 6-122

（12）选取副本，选择交互式填充工具◇，将副本填充为"红褐色"（图 6-123），效果如图 6-124 所示。

（13）选取副本，单击工具箱中的透明度工具▓，当鼠标指针变为形状时按住鼠标左键并拖动，如图 6-125 所示。

图 6-123   图 6-124   图 6-125

（14）在属性栏中单击"均匀透明度"按钮，设置"合并模式"为"常规"（图 6-126），得到如图 6-127 所示的效果。

图 6-126

（15）将处理后的副本移至原文本上方，砖块文字效果制作完成，如图 6-128 所示。

图 6-127   图 6-128

6.5.6　金属文字效果

（1）执行"文件" | "新建"菜单命令，新建一个页面文件。

（2）单击工具箱中的矩形工具□，按住鼠标并拖动，绘制一个大小适当的矩形框，如图 6-129 所示。

（3）用挑选工具 ▶ 选取矩形框，选择交互式填充工具 ◇，单击属性栏中的"底纹填充" ▦ 按钮，然后单击"编辑填充" ◱ 按钮，弹出如图 6-130 所示的"底纹填充"对话框。

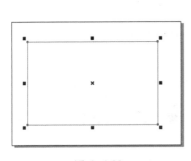

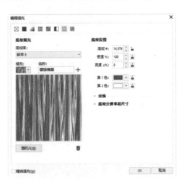

图 6-129   图 6-130

（4）在"底纹填充"对话框的"底纹库"下拉列表框中选择"样式 8"，在"填充"下拉列表框中选择"镀铬帷幕"选项，单击"OK"（确定）按钮，得到如图 6-131 所示的效果。

（5）单击工具箱中的立体化 ✿ 工具，按住鼠标并拖动，效果如图 6-132 所示。

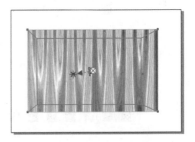

图 6-131   图 6-132

（6）释放鼠标，在属性栏及其下拉菜单中设置参数，如图 6-133 和图 6-134 所示，"立体化类型"下拉列表中选择第二排的第一个图样，"深度"为 15，"立体照明"选择 1 号灯强度 100，2 号灯强度为 75，"立体的方向"使用鼠标拖动，调整到合适的位置；"颜色"选择使用对象填充。

图 6-133

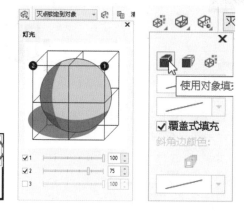

图 6-134

（7）单击工具箱中的文本**字**工具，或按 F8，按住鼠标左键并拖动，在页面中绘制一个文本框。

（8）在文本框内输入"阳光明媚"，如图 6-135 所示。

（9）在文本工具属性栏中设置属性：如图 6-136 所示。

图 6-135

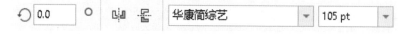

图 6-136

（10）选取输入的文字，选择"文本"｜"转换为美术字"菜单命令或按 Ctrl+F8 把所有的文本转换成美术字。如图 6-137 所示。

（11）选取美术字，单击工具箱中的交互式填充工具，单击属性栏中的"均匀填充"■按钮，然后单击"编辑填充"按钮，弹出如图 6-138 所示的"均匀填充"对话框，设置为"橘红"，单击"OK"（确定）按钮，文字颜色填充

图 6-137

效果如图 6-139 所示。

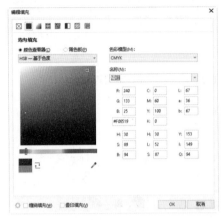

图 6-138   图 6-139

（12）按 F12 键调出如图 6-140 所示"轮廓笔"对话框，将轮廓颜色设置为淡黄色，"宽度"为 2，得到如图 6-141 所示的效果。

图 6-140   图 6-141

（13）选中美术字，单击工具箱中的轮廓圆 ▣ 工具，移动指针箭头至美术字选框内，当鼠标指针变为 形状时，按住鼠标并拖动。当鼠标指针变为 形状且出现文字调和效果时，释放鼠标，文字周线效果就绘制完成了，如图 6-142 所示。

（14）在属性栏中设置"外部轮廓" ▣ 按钮使其呈按下状态；"轮廓图步长"为 2；"轮廓图偏移"为 1，"轮廓颜色"设置为砖红色，其余不变。如图 6-143 所示。

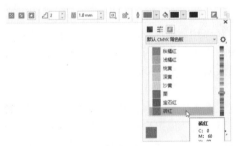

图 6-142   图 6-143

（15）用挑选工具 ▶ 圈选叠加美术字，执行"对象"｜"组合"｜"组合"菜单命令，把处理好的美术字编组。

（16）选中组合字，执行"对象"｜"顺序"｜"到页面前面"菜单命令，将组合字移至最前方。

（17）移动组合字到先前做好的立体背景上。

（18）用挑选工具 ▶ 圈选全图，执行"对象"｜"组合"｜"组合"菜单命令，把最终组合图编组。

（19）选中组合图，执行"位图"｜"转换为位图"菜单命令，在弹出的如图6-144所示的"转换为位图"对话框中选取默认设置即可，单击"OK"（确定）按钮，将全图包括背景一起转换成位图。

（20）金属光泽文字绘制完成，效果如图6-145所示。

图6-144

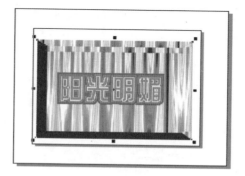

图6-145

6.5.7 爆炸文字效果

本例应用CorelDRAW 2020自带的自选图形工具来制造爆炸效果，对文字本身的处理只用到了简单的操作，使用了其自带的预置模板，使得效果更为逼真，在模板基础上可再做适当的调整。

本例操作步骤：

（1）执行"文件"｜"新建"菜单命令，新建一个页面文件。

（2）单击工具箱中的矩形工具□，按住鼠标并拖动，在页面中绘制一个较大的矩形框，基本与页面大小相仿，如图6-146所示。

（3）用挑选工具 ▶ 选中绘制的矩形框，选择交互式填充工具◈，单击属性栏中的"均匀填充" ■按钮，然后单击"填充色"按钮，在弹出的如图6-147所示的对话框中将矩形框填充为红色，效果如图6-148所示。

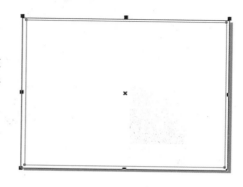

图6-146

图 6-147

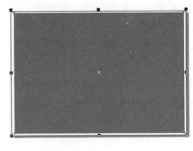

图 6-148

（4）选择工具箱中常见的形状 🔲 工具，在其属性栏中选择如图 6-149 光标所示选项。

（5）按住鼠标并向右下方拖动，在页面中绘制一个类似"爆炸"的轮廓，如图 6-150 所示。

图 6-149

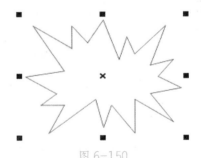

图 6-150

（6）用挑选工具 ▶ 选中绘制的"爆炸"轮廓，单击工具箱中的交互式填充工具 ◇，单击属性栏中的"编辑填充" 🔳 按钮，在弹出的如图 6-151 所示的"均匀填充"对话框中将该形状填充为黑色，如图 6-152 所示。

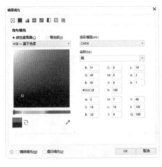

图 6-151

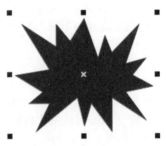

图 6-152

（7）重复步骤（4）~（5），再画一个"爆炸"轮廓，这个轮廓要比前面略大一些。

（8）选中后绘制的"爆炸"轮廓，单击工具箱中的交互式填充工具 ◈，单击属性栏中的"编辑填充" 按钮，在弹出的如图6-153所示的"均匀填充"对话框中将该形状填充为60%。

（9）用挑选工具 ▶ 选中后绘制的"爆炸"轮廓，将其移至前面绘制的轮廓上方，如图6-154所示。

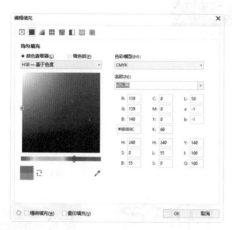

图6-153

图6-154

（10）执行"对象"｜"顺序"｜"到图层后面"菜单命令，将后绘制的灰黑色"爆炸"轮廓置于黑色轮廓下方，制造层叠的立体效果（图6-155），当然也可以用轮廓圆 工具来实现，不过由于后面的文字要用到轮廓圆 工具，所以为了避免重复，这里就直接用近似色重叠的方法来做了。

（11）单击工具箱中的文本 字 工具，按住鼠标并拖动，在页面中绘制一个文本框，然后在文本框中输入文字。

（12）在"属性"面板中设置文本属性，具体如图6-156所示。在文本框内输入文字"哇"，效果如图6-157所示。

图6-155　　　　　　　　　　　图6-156　　　　　　　　　　图6-157

（13）选中输入文字，执行"文本"｜"转换为美术字"菜单命令，或按CTRL+F8将所有的文本转换成美术字，如图6-158所示。

（14）选中美术字，单击工具箱中的交互式填充工具 ◈，单击属性栏中的"编辑填充" 按钮，在弹出的如图6-159所示的"均匀填充"对话框中设置颜色为白色，然后单击"OK"（确定）按钮。

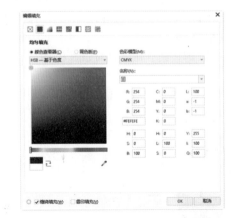

图 6-158　　　　　　　　　图 6-159

（15）按 F12 打开"轮廓笔"对话框，设定轮廓宽度为 4 的黑色轮廓线，得到如图 6-160 所示的效果。

（16）选中美术字，单击工具箱中的轮廓圆  工具，当鼠标指针变成 形状时，移动指针箭头至美术字选框内，按住鼠标并拖动；当鼠标指针变成 形状时且出现文字混合效果时，释放鼠标，文字周线效果就绘制完成，如图 6-161 所示。

图 6-160　　　　　　图 6-161

（17）在如图 6-162 所示的属性栏中，单击选中"内部轮廓" ，并设置"轮廓图步长"为 3；"轮廓图偏移"为 2，得到如图 6-163 所示的图样。

图 6-162

图 6-163

图 6-164　　　　　图 6-165

（18）再在属性栏中单击选中"外部轮廓"按钮，设置"轮廓图步长"为 4，其余不变，得到如图 6-164 所示的效果。

（19）使用挑选工具 选中美术字，在单击选框中的中心标志 ✕，待其变为 ⊙ 后，单击选框上方的平行移动箭头 ↔，将选框平行拉动，得到如图 6-165 所示的效果。

（20）选中平行拉动后的美术字，执行"对象"｜"顺序"｜"到页面前面"菜单命令，将美术字移至最前方。

（21）拖动美术字与先前的"爆炸"轮廓组合。

（22）调整文本位置，使美术字处于轮廓中的合适位置，得到如图 6-166 所示的效果。

（23）用挑选工具 ▶ 圈选全图，执行"对象"｜"组合"｜"组合"菜单命令，将爆炸图样编组。

（24）选择"对象"｜"对齐与分布"｜"对齐与分布"菜单命令，随即弹出图 6-167 所示的对话框，在对话框中设置水平居中对齐和垂直居中对齐。

图 6-166

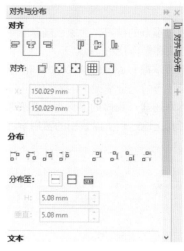

图 6-167

（25）选中组合图，执行"位图"｜"转换为位图"菜单命令，在弹出的如图 6-168 所示的"转换为位图"对话框中选择默认设置，将全图包括背景一起转换为位图。

（26）爆炸效果文字绘制完成，效果如图 6-169 所示。

图 6-168

图 6-169

注意: 本例中之所以手动给美术字进行定位,原因是自选图形的不规则性,对齐与分布工具只对规则图形的排列有效,如果图形不规则的话,最好使用缩放 Q 工具将其放大,再进行手动精确定位。

6.6 本章回顾

通过本章的学习,大家已经基本了解了在 CorelDRAW 2020 中文版中进行图文排版的使用方法和操作技巧。

熟练掌握 CorelDRAW 2020 中的各项文本操作,是进行排版的基础。另外对于本章常用快捷技巧的完全掌握,对提高使用 CorelDRAW 2020 进行排版的操作速度是非常有益的。

本章还通过具体的实例来让读者进一步了解文本工具与其他工具和命令的综合应用。让读者真正地达到学以致用的实用学习原则。

第 7 章

为图形添加效果

学习要点和本章导读

- 学习 CorelDRAW 2020 的交阴影工具的使用
- 学习 CorelDRAW 2020 的图像精确裁剪的设置方法
- 了解 CorelDRAW 2020 的位图遮罩
- 了解 CorelDRAW 2020 的位图的特殊效果
- 掌握本章的快捷操作技巧

本章讲解了如何使用 CorelDRAW 2020 为图形添加特效，并简略介绍了位图滤镜的设置方法，还对本章中的快捷操作技巧作出了总结。通过本章的学习，可以对 CorelDRAW 2020 有关图形的个性功能有一个详细的了解。

7.1 阴影

阴影□工具可以用来快速制作对象的下拉式阴影、增加景深。制作好的阴影可以调整透明度、颜色、位置及羽化程度。完成阴影后，如果更改对象的外观，阴影的形状也将随之变化。

7.1.1 快速制作下拉阴影

操作详解：

（1）在工具箱中选择阴影□工具按钮，如图 7-1 所示。

（2）选中需要制作阴影的对象。

（3）在对象上按下鼠标左键，然后往阴影投掷的方向拖动鼠标，在适当的位置松开鼠标，如图 7-2 所示。

（4）拖动阴影控制线中间的-┃-图标可以调节阴影的透光程序。越靠近□透光度越小，阴影越淡；越靠近▶透光度越大，阴影越浓，如图 7-3 所示。

（5）在属性栏中单击■■▼按钮，即可打开色盘为阴影选择合适的颜色。也可以使用鼠标直接从色盘中将颜色色块拖到阴影控制线▶□图示的方框中，方框的颜色总是随填充的颜色而改变的，如图 7-4 所示。

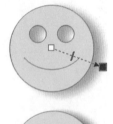
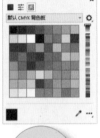

图 7-1　　　　　图 7-2　　　　　　图 7-3　　　　　图 7-4

7.1.2 使用属性栏设置下拉式阴影

已经设置好阴影的对象随时可以使用属性栏来调整阴影的一些属性，下面列出了各种参数的设置，如图 7-5 所示。

使用坐标精确定位阴影与对象之间的相对位置。

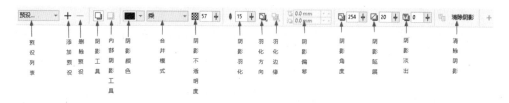

图 7-5

1. 预设列表

CorelDRAW 2020 内置了多种阴影的预设样式，每种样式的偏移量、角度、羽化值及透光度都不同，通过阴影的预设样式可以快速为对象添加多样的阴影效果。从图 7-6 中可以看出，可以选择的透视类型有右下线、左上线、右上线和大阴影等 11 种，具体的效果分别用实例演示如下：

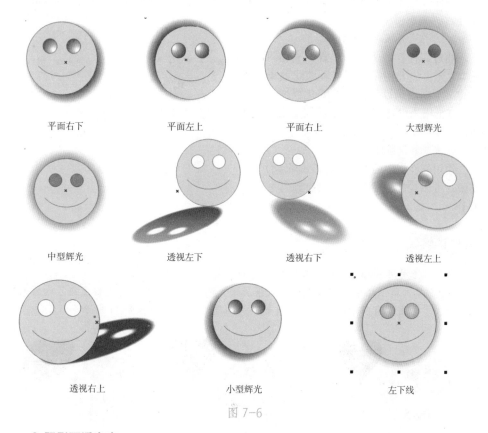

平面右下 平面左上 平面右上 大型辉光

中型辉光 透视左下 透视右下 透视左上

透视右上 小型辉光 左下线

图 7-6

2. 阴影不透光度

控制阴影的透明度。当透光度为 0 的时候，阴影是完全透明的；当透光度为 100 时，阴影完全不透明。在具体的绘图中，可以根据具体的绘图环境设置合适的透光度，如图 7-7 所示。

3. 阴影羽化

通过 ● 15 ♦ 可以设置阴影的羽化程度。单击该设置框右侧的 ♦ 按钮将打开一个可以控制阴影羽化程度的滑动条，如图 7-8 所示。

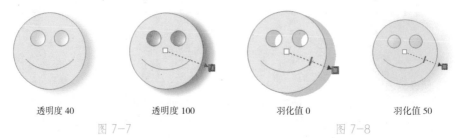

透明度 40　　　　　　透明度 100　　　　　　羽化值 0　　　　　　羽化值 50

图 7-7　　　　　　　　　　　　　　　　　　图 7-8

4. 阴影角度

在属性栏中的阴影角度 □ -135 ♦ 文本框中可以直接输入阴影的旋转角度，按 Enter 键即可。

5. 阴影延展和阴影淡化

通过属性栏的阴影延展 □ 55 ♦ 和阴影淡化 □ 60 ♦ 可设置阴影的延展和淡化效果。左边的文本框用来设置阴影的淡化程度，右边的文本框用来设置阴影的延展程度，如图 7-9 所示。

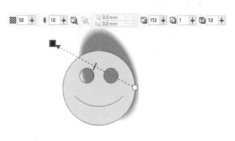

图 7-9

6. 复制和清除阴影

使用属性栏中的"复制阴影效果属性" 按钮，可以快速复制下拉式阴影到另一个对象上。

操作详解：

（1）使用阴影 □ 工具选中要添加阴影的对象，如图 7-10 所示。

（2）单击属性栏中的"复制阴影效果属性" 按钮，这时鼠标光标变成了向右的黑色粗箭头。单击带有阴影的对象即可复制阴影到选中对象，如图 7-11 所示。

图 7-10　　　　　　　　　　　　　　　图 7-11

重复使用复制阴影的操作，可以使多个对象得到相同的光源和光源投射角度，从而获得一致的阴影投射效果。

7. 打散对象和阴影

使用挑选工具 选中对象和阴影。执行"对象" | "分离阴影群组"菜单命令即可。

使用阴影 工具选中需要清除阴影的对象，然后单击属性栏中的"清除阴影" 清除阴影 按钮即可清除阴影效果。

8. 羽化方向设置参考

面板设置如图 7-12 所示。

（1）高斯式模糊：使得阴影效果更为逼真。

（2）向内：阴影由原对象的轮廓线逐渐增加到设定的阴影"透光度"，透光度层次由"阴影羽化" 10 文本框设置。

图 7-12

（3）中间：以原对象的轮廓线为基准，按阴影透光度的一半向对象的内部扩展，再以轮廓线为基准，按照"内部"规律向外扩展。

（4）向外：阴影由对象的轮廓线开始，以设定的阴影透光度向外扩展，层次由设置的羽化程度决定。这种方法得到的阴影比较大，边缘的颜色变化比较缓和。

（5）平均：阴影透光度 50，羽化程度 15，同时具备"内部"和"外部"方向羽化的参数属性。

7.2　透镜效果

使用透镜可以得到许多特殊效果，例如，局部放大、透明度、加亮及变暗等。CorelDRAW 2020 在以前的版本基础上，增强了透镜效果，这对读者来说无疑是一个新的诱惑。

7.2.1　快速添加透镜效果

下面通过使用一个简单的例子来具体演示透镜效果的使用方法：

（1）选中需要使用透镜效果的对象。

（2）执行"效果" | "透镜"菜单命令，即可打开"透镜"面板，如图 7-13 所示。

（3）在透镜类型下拉列表框中选择所需的透镜类型，这里选择热图，将调色板旋转的值设为 15%，并且选中冻结、视点与移除表面三个复选框。

（4）单击"应用"按钮，效果如图 7-14 所示。

原对象　　应用透镜效果后的对象

图 7-13　　　　　　图 7-14

7.2.2　设置透镜效果的公共参数

　　冻结、视点与移除表面这3个参数是所有的透镜类型都必须设置的公共参数，下面将详细介绍这些参数。

1. 视点

　　下面通过视点来设置透镜效果的作用范围。

操作详解：

　　（1）打开透镜泊坞窗，选中所需的透镜类型，如"热图"；将"调色板"设置为15，在绘图页面单击需要添加透镜效果的对象，如图7-15所示。

　　（2）在透镜泊坞窗中选中"视点"复选框，这时对象中心出现如图7-16所示的大黑叉，拖动该黑叉即可移动视角。

图 7-15　　　　　　　　　　　　　　　　　　　图 7-16

2. 冻结

　　冻结的作用是，将透镜下面的对象产生的透镜效果添加成透镜的一部分。没有选中冻结时，移动对象时，得到的透镜效果会随透镜下面的内容不同而变化；选中冻结功能后，产生的效果不会因为透镜或者对象的移动而变化，但是同时也失去了透镜效果的灵活性，如图7-17所示。

原对象　　　　　　　　　　启用冻结　　　　　　　　　　禁用冻结

图 7-17

3. 移除表面

　　在某些透镜效果中，在透镜下面的页面范围都是效果作用的区域，例如，色彩限制、反转和透明度等效果。启用"移除表面"复选框时，即可避免上述情况的发生，透镜只作用于下面的图形对象，没有对象的页面区域仍然保持通透性，如图7-18所示。

原对象 　　　　　　　　　启用"移除表面"

图 7-18

7.2.3 透镜使用说明

1. 变亮

可以控制对象在透镜范围内的亮度，同时丧失所有的颜色填充。设置的范围在 −100~100 之间变化，对象将填充上不同的灰度，如图 7-19 所示。

2. 颜色添加

颜色添加的原则是：透镜颜色比较深时，则要求颜色添加的比率值设置为较大数值；透镜颜色比较浅的时候，可以用比较小的比率值。

3. 色彩限度

使用这种透镜时，与透镜颜色相同的色彩将被调亮（高通），不同的颜色将比较暗（低通）。

透过颜色的数目与透镜颜色的比率值有很大的关系：透镜颜色的比率越小，透过的颜色数目较多；"比率"值越大，透过的颜色越少。比率值为 0 时，可以透过所有的颜色；比率为 100 时，就只有与透镜颜色相同的颜色可以透过。

这种透镜一般用在色彩丰富的绘图中突出显示某种颜色。

15%明亮 　　　原对象 　　　−15%明亮

图 7-19

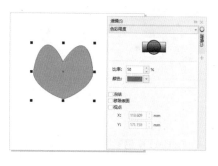

图 7-20

操作详解：

（1）选中对象，然后在透镜泊坞窗中选择"颜色限度"透镜，如图 7-20 所示。

（2）单击"颜色"按钮，选中需要突出的颜色。设置好"比率"和其他参数。

（3）效果如图 7-21 所示。

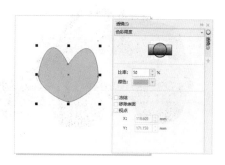

图 7-21

4. 自定义彩色图

这种透镜的作用是将覆盖的颜色变成双色调。转变成的颜色是以亮度为基准，用选中的底色和覆盖的颜色做比较，再反转而成的颜色。选择颜色的高度越低，在透镜下面亮度越低的颜色越亮；透镜下亮度越高的颜色就越暗。

在实际的应用中，用亮度高的颜色搭配亮度低的颜色就可以得到丰富的色阶。例如，黑与白或蓝与黄结合都有抢眼的效果。在与其他颜色的配色方案中，黑色与白色是最佳选择。

5. 鱼眼

鱼眼透镜用来模拟镜头拍摄所产生的扭曲效果。这里可以设置鱼眼透镜的比率。

比率可设范围是 –1000 ~ 1000。数值越大，扭曲程度越大。数值为正时向外突；数值为负时向内部下陷，所以鱼眼透镜可以用来制作局部凹凸的效果。

6. 热图

该透镜用来制作类似紫外线拍摄的效果，具体呈现的颜色由对象的颜色和调色板旋转参数决定。调色板旋转的次序在白色上是：白、青、蓝、紫、红、橙、黄。其他颜色同样是按如下顺序，起始颜色是由调色板旋转参数来决定的，如图 7-22、图 7-23 所示。

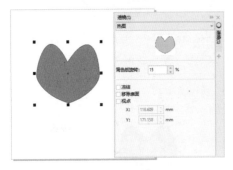
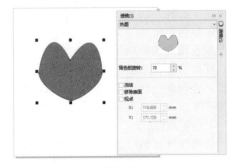

图 7-22   图 7-23

7. 反转

按 CMYK 色彩模式将透镜下面的颜色转成互补色。例如，黑色变白色、红色变青色、黄色变蓝色、绿色变紫红色，如图 7-24 所示。

原对象   局部翻转后的对象

图 7-24

8. 放大

放大倍数可以从 1~100。使用很简单，这里不再详细介绍。

9. 灰度浓淡

灰阶是指从任何一种颜色到白色的颜色变化。例如，黑色到白色、红色到白色等。

黑白的灰阶是视觉对比最明显的灰阶，也是双色调效果中最明显的一种。由于灰阶透镜中白色是固定的，因此就只能选择另一个对比色。选择亮度比较低的颜色可以获得较强烈的对比，例如，深蓝、深褐等。太鲜艳的颜色不会有明显的色阶变化。

灰度浓淡可以看成自定色彩图的特例，因为白色是深浅灰阶中的一种颜色，而用户只能设置另外一种颜色。

10. 透明度

使用这种透镜时，就好像透过一片有色玻璃看东西。这块玻璃可以设置成任何颜色，透明度可以在比率文本框中设置（从 0 到 100），如图 7-25 所示。

原对象　　　　　　　　　　　　　　　透明度的比率值为 70%

图 7-25

该透镜可以用来制作对象的阴影，缺点是只能制作出单一的颜色。

11. 线框

用来显示对象的边框。配合轮廓和填充两个参数的设置，可以带来许多奇特的效果。

设置"轮廓"的颜色后，透镜下面的对象就会显示轮廓线，轮廓线的颜色就是选中的"轮廓"颜色。选中的"填充"颜色对应对象的填充颜色，如图 7-26 所示。

按照图 7-27 的提示为对象添加"线框"透镜效果。

图 7-26

原对象　　　　　　　　　　　　　　　填充后的对象

图 7-27

7.3 PowerClip 对象精确剪裁

使用"PowerClip"对象可以将一个对象内置于另外一个容器对象中，所以称这个操作过程和被内置的对象为"内置对象"。内置的对象是任意的，但是作为容器的对象只能是已经创建好的封闭路径。

7.3.1 新建 PowerClip 对象

如果要用浅显的话来描述"PowerClip"的话，可以将其看成移动中的摄像机的取景框，在这个取景框中只能看到景物的有限部分。当然，当取景框移动时，框内的景物也将随之变化。

在新建"PowerClip"对象时，要求要有两个对象，一个作为容器使用，另一个作为内置的对象。当作容器的对象必须是封闭路径的图形对象。

操作详解：

（1）选定用来内置的对象。

（2）执行"对象" | "PowerClip" | "置于图文框内部"菜单命令，鼠标变成黑色的水平箭头。

（3）单击容器对象，即可完成"PowerClip"对象，如图 7-28 所示。

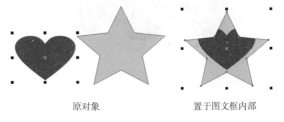

原对象   置于图文框内部

图 7-28

（4）可以看见，内置对象的中心和容器的中心点是重合的。

另外，使用鼠标可以快速建立"PowerClip"对象。

操作详解：

（1）用鼠标右键将用来内置的对象拖动到容器对象上。这时鼠标将变成圆圈套十字。

（2）松开鼠标，从弹出的快捷菜单中选择"PowerClip内部"，如图 7-29 所示。

（3）这时即可完成"PowerClip"对象。

图 7-29

7.3.2 编辑图文框精确剪裁对象

为对象添加 PowerClip 对象效果后，接着还可以继续编辑该对象的属性。这些操作包括修改内置对象的内容、复制内置对象的内容、提取内置对象的内容以及锁定内置对象的内容。

1. 编辑内容

修改内置对象的内容。

操作详解：

（1）选中 PowerClip 对象。

（2）执行"对象"|"PowerClip"|"编辑内容"菜单命令，这时内置对象完整地显示出来，容器变成一个浅色的轮廓，如图 7-30 所示。

（3）这时可以使用各种工具对内置对象进行修改。

（4）修改完毕后，执行"对象"|"PowerClip"|"完成编辑这一级"菜单命令，即可结束对象的修改状态。

原对象　　　　　　　编辑内容

图 7-30

2. 复制内置对象

这里可以将一个"PowerClip"对象的内置内容复制到另外一个容器中。使用这种功能可以制作出许多不同的"PowerClip"效果，同时节省大量的时间。

操作详解：

（1）在"PowerClip"对象旁边绘制一个星形，当作新的容器。

（2）使用挑选工具选中新容器的星形，然后执行"对象"|"复制效果"|"透镜自…"菜单命令，这时光标会变成黑色的水平箭头。

（3）使用黑色箭头单击原来"PowerClip"对象的内置对象，如图 7-31 所示。

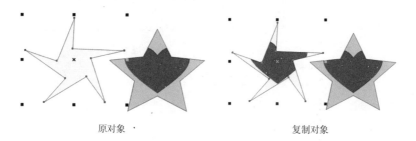

原对象　　　　　　　　　　　　复制对象

图 7-31

3. PowerClip 的重新取景和锁定

在锁定内置对象以前，如果移动、变形内置对象，那么内置的对象会被重新取景剪裁。这时的编辑效果就如同在移动摄像机的镜头中取景，如图 7-32 所示。

经过编辑，就可以将已经调整满意的"PowerClip"内置对象锁定起来。这样一来就可以改变边框的内容而不影响内置的内容。

使用挑选工具 ➤ 右击 "PowerClip" 的内置对象。在弹出的菜单中选择"锁定 PowerClip 的内容"。编辑容器外形时，内置对象的内容不会发生改变，如图 7-33 所示。

解除锁定的方法也很简单。在内置对象上面单击鼠标右键，然后选择"锁定 PowerClip 的内容"项，去掉选取即可。

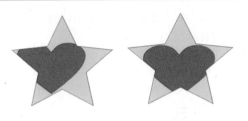

图 7-32

4. 提取内容

使用提取内容操作，可以使 "PowerClip" 的内置对象和容器再次分离，分别重新成为独立的对象。

提取 "PowerClip" 对象内容的操作方法非常简单，操作详解：

（1）选中 "PowerClip" 对象。

（2）执行"对象" | "PowerClip" | "提取内容"菜单命令。

（3）这时内置对象和容器对象重新成为两个独立的对象。

图 7-33

5. 设置 PowerClip

新建 "PowerClip" 对象时，内置对象将以中心对齐的方式安置在容器内。有时候，对这个默认的功能有许多不满意之处，也可以通过"选项"对话框更改这个默认的设置。

操作详解：

（1）执行"工具" | "选项" | "CorelDRAW"菜单命令，打开"选项"对话框，如图 7-34 所示。

图 7-34

（2）在对话框左边的竖形目录中选择工作区下的"PowerClip"命令，打开设置页面，如图7-35所示。

图 7-35

（3）选择"自动居中新内容"下的"从不"选项，然后单击"OK"（确定）按钮。

（4）这时，新建的"PowerClip"内置对象将出现在原来的位置上，不再居于容器的中心。

但是，如果新内容是在 PowerClip 编辑模式下创建的，则上述设置将不会产生效用。

7.4 变形效果

通过效果菜单中的变换级联菜单，可以设置去交错、反转颜色、极色化等变形效果，同时还可以清除相互交错对象的交错线，如图7-36所示。

图 7-36

7.4.1 反转颜色

反相效果精确地将图形的颜色反转，从而得到类似于照相胶片的负片效果。

操作详解：

（1）选中对象。

（2）执行"效果"｜"变换"｜"反转颜色"菜单命令即可。

7.4.2 极色化

极色化效果可以极化图形的色彩，消除颜色浓淡的变化，增强图形的色彩对比，从而得到精简的图形。

选中对象，执行"效果"|"变换"|"极色化"菜单命令，设置"极色化"对话框，可得到极色化效果，如图 7-37 所示。

图 7-37

7.5 透视效果

使用透视效果可以使对象有种立体感，可以改变单调的绘图效果。最常见的透视效果就是延伸向远方的公路。

已经应用了其他效果的对象不能应用本功能，但是群组对象可以添加透视效果。

透视中较远一侧的控制点叫作灭点，又叫作透视点。对象两条边在有限远处交会，这个交会点就叫作灭点。

7.5.1 添加透视效果

添加透视效果的操作很简单，操作详解：

（1）选中需要添加透视效果的对象。

（2）执行"对象"|"添加透视"菜单命令，这时对象四周出现控制点。

（3）拖动控制点，直到出现满意的透视效果，如图 7-38（a）所示。

（4）透视点（灭点）出现后，可以直接拖动透视点，从而控制透视效果，如图 7-38（b）所示。

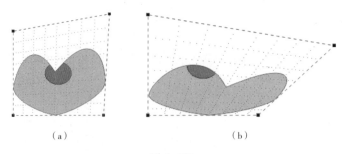

（a）   （b）

图 7-38

（5）完成透视点的设置后，按空格键即可。

（6）如果需要修改透视效果，可以双击对象或者使用形状工具选中对象，即可进入边框编辑模式，重新移动控制点或者透视点，效果如图 7-39 所示。

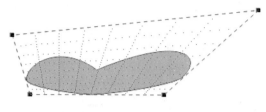

图 7-39

7.5.2 取消透视效果

选中已经添加了透视效果的对象，然后执行"对象"｜"清除透视点"菜单命令即可清除透视效果。

7.6 位图遮罩和色彩模式

位图遮罩和色彩模式的转换都是调整位图颜色的功能，通过这些操作可以得到需要的色彩模式，也可以按照用户需要屏蔽掉位图中的某种颜色。

7.6.1 位图色彩遮罩

位图遮罩可以用来清除某种特定的颜色，或者与这种颜色近似的颜色。同时，作为这一功能的扩展，我们也可以用来显示某种颜色，如图 7-40 所示。

图 7-40

1. 色彩遮罩使用说明

可以用来清除位图中比较单调的背景颜色。

可以快速更改或者突出位图中某种特定的颜色。

操作详解：

（1）选中需要修改的位图对象。执行"位图"｜"位图遮罩"菜单命令，出现位图遮罩泊坞窗。

（2）在图7-41所示的列表框中选中颜色条目，然后单击✎按钮，鼠标将变成滴管状，在绘图页面单击需要的遮罩颜色，选中的颜色将会在列表框中出现。

重复进行该操作可以遮罩多种颜色。

（3）单击▥按钮，打开图7-42所示的"选择颜色"对话框，即可编辑需要遮罩的颜色。

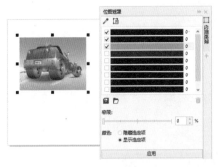

图7-41 图7-42

（4）如果需要遮罩相近的颜色，可以拖动容限滑动条或者直接导入容错度的数值。这个值越大，遮罩掉的颜色范围也就越大。

（5）使用▤按钮，可以将已经设置好的色彩遮罩作为样式保存起来；也可以单击▤按钮，打开保存的色彩遮罩，然后直接使用即可。

（6）通过隐藏颜色和显示颜色单选框来决定色彩遮罩的模式。

（7）设置完成后，单击"应用"按钮即可，如图7-43所示。

原对象 遮罩后的对象

图7-43

2. 删除位图遮罩

选中已经建立色彩遮罩的位图对象，执行"位图"｜"位图遮罩"菜单命令，进入位图遮罩泊坞窗，在列表框中选中需要删除的颜色，然后单击"移除遮罩"🗑按钮即可，如图7-44所示。

7.6.2 位图的颜色模式

转换位图的色彩模式，只是采用不同的方式对颜色进行分类和显示，位图本身并没有实质上的改变。

执行"位图"|"模式"菜单命令，就可以选择位图色彩模式。在不同的色彩模式中可设置不同的印刷效果，例如，黑白图像模式中的半色调效果，如图7-45所示。

图7-44   图7-45

1. 黑白模式

操作详解：

（1）选中位图。

（2）执行"位图"|"模式"|"黑白"菜单命令，出现如图7-46所示的"转换至1位"对话框。

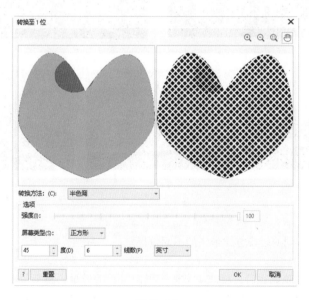

图7-46

（3）单击"转换方法"下拉列表框，即可选择转换的方式。

（4）如果选中"半色调"转换方式，还要选择屏幕类型。拖动"强度"滑动条，可以设置转换的强度。

黑白模式是颜色结构最简单的位图色彩模式，由于只使用一个位来显示颜色，所以只能有黑白两色。通过不同的点阵排列方式可以对黑白位图作出一些特殊的变化，如图7-47所示。

线条图　　　　　　　　　　　　　　　　顺序

Jarivis　　　　　　　　　　　　　　　　Stucki

Floyd-steinberg　　　　　半色调　　　　　基数分布

图 7-47

上面列出了不同的转换方式带来的不同效果。

2. 灰度（8位）

位图转换成灰阶模式后，将产生类似于黑白摄影的效果，整个位图被填充上深浅不一的灰度。该模式可以用来处理艺术相片，从而产生淡雅、宁静的效果，如图7-48所示。

原对象　　　　　　　　　灰度对象

图 7-48

彩色位图转换成灰阶将会失去多边的色彩，得到的只有各种不同灰度的黑白位图。

3. 双色调（8位）

在双色调对话框中不仅可以设置双色调，还可以选择单色、三色和四色等色调模式，如图 7-49 所示。

通过"装入"和"保存"按钮，可以将原来储存的双色调效果载入或者储存已经设置好的双色调模式。

双色调属性是比较特殊的颜色模式，8 位元决定了 256 种色阶。双色调从本质上来说是一种特殊的灰阶。

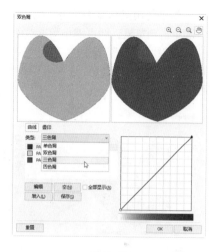

图 7-49

操作详解：

（1）选中位图，然后执行"位图"｜"模式"｜"双色调"菜单命令，进入"双色调"对话框。

（2）在类型列表框中选择需要的色调类型，如图 7-50 所示。如果以前存储有存档，单击"载入"按钮即可载入存档。

（3）选择色彩列表中的色彩，单击"编辑"按钮，即可打开"选择颜色"对话框，如图 7-51 所示，选择此对话框中的颜色可以替换原来的颜色。

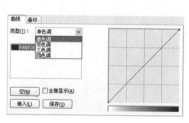

图 7-50

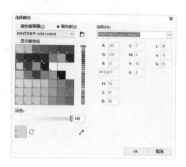

图 7-51

（4）拖动控制线设置双色调的色阶变化。向上是增加亮度，同时淡化颜色；向下是降低亮度，同时使颜色变深。

（5）完成设置后，单击"OK"（确定）按钮即可。

4.调色板色（8位）

调色板色是极具弹性的色彩转换模式。通过这种色彩转换模式，用户可以设置转换的颜色阶数，从而得到256色的位图。使用规则如下：

（1）"颜色范围灵敏度"复选框只要选择调色板为"优化"就能使用。

（2）"灵敏度范围"标签在启动"颜色范围灵敏度"复选框之后才能选用。

（3）"平滑度"和"颜色"这两个选项只有选择"优化"色板才能使用。

如果使用鼠标左键单击"调色板"对话框上部的预览框，可以放大预览对象；使用右键单击预览框，即可缩小预览对象，如图 7-52 所示。

选中"选项"卡中的"范围的灵敏度"复选框，并且选中需要调整的颜色后，即可在"范围的灵敏度"选项卡中设置选中的颜色，如图 7-53 所示，效果如图 7-54 和图 7-55 所示。

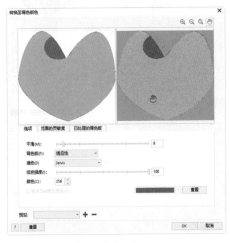

图 7-52

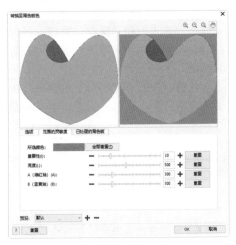

图 7-53

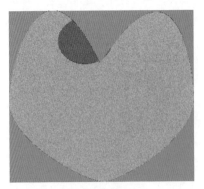

图 7-54

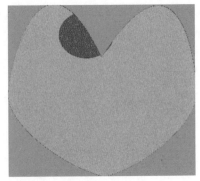

图 7-55

5.RGB 和 Lab 色彩（24 位）

RGB 模式和 Lab 色彩模式是常用的 24 位真彩色色彩模式，这两种色彩模式的设置很复杂，有兴趣的读者可以查阅相关书籍。

6.CMYK（32 位）

CMYK 色彩模式的色彩数目最多，且最能真实地体现自然界的各种细微变化的颜色。其实在一般的应用领域，24 位色彩已经能够表现出很强的色彩表现力。

7.7　扩充位图边框

位图边框扩充功能会在位图外围添加一层无形的边框，从而在使用位图应用各种效果时保证图形的完整。在应用某些效果时，一部分可能会溢出位图的大小范围，如果选中"自动扩充位图边框"，系统将会通过位图边框扩充来纳入溢出的部分。

位图边框扩充功能是在不改变位图主体尺寸的情况下，用来扩张图形的边长以满足应用效果的需要。下面通过一个具体的例子来演示位图边框扩充功能的应用效果。

操作详解：

（1）选中矢量绘图中图形，执行"位图"｜"转换为位图"菜单命令，将其转换成位图，如图 7-56 所示。

（2）执行"位图"｜"模糊"｜"高斯式模糊"菜单命令，得到高斯式模糊，如图 7-57 所示。

（3）按 Ctrl+Z 组合键撤销效果，然后选中汽车，执行"位图"｜"位图边框扩充"｜"自动扩充位图边框"菜单命令。重复第 2 步，再次添加模糊效果，如图 7-58 所示。

图 7-56　　　　　　　图 7-57　　　　　　　图 7-58

7.7.1　自动扩充位图边框

操作详解：

（1）选中需要处理的位图对象。

（2）执行"位图"｜"位图边框扩充"｜"自动扩充位图边框"菜单命令，如图 7-59

所示。

（3）注意对比启用"自动扩充位图边框"功能前后应用效果时的细微区别。

7.7.2 手动扩充位图边框

如果需要设置特定的膨胀值，可以选择"手动扩充位图边框"。

操作详解：

（1）选中位图。

（2）然后执行"位图"|"位图边框扩充"|"手动扩充位图边框"菜单命令，弹出如图 7-60 所示的"位图边框扩充"对话框，按需要设置手动膨胀的参数，单击"OK"（确定）按钮即可。

图 7-59

图 7-60

7.8 位图的特殊效果

CorelDRAW 2020 全面增强了各种处理位图的滤镜（即过滤器），这些工具与其他专业位图处理软件提供的工具相比毫不逊色。使用这些滤镜可以改变位图对象的外观效果。位图滤镜的使用是位图处理过程中最具魅力的操作。因此在本节中将详细讲述滤镜的使用。

7.8.1 快速添加特殊效果

从效果菜单可以看出，CorelDRAW 2020 中的特殊处理效果共有十种，分别为三维效果、艺术笔触、模糊、相机、颜色转换、轮廓图、创造性、扭曲、杂点、鲜明化。另外，还可以使用第三方厂商生产的外挂滤镜。

在这些特殊效果中，最有意思、最具魅力的一类应该是创造性类效果。在这类特殊效果中，通过其中的气候，我们可以有选择地给位图加上雨天、下雪及大雾等特别真实的天气效果。晴天拍摄的相片经过天气处理，创造的雪天效果几乎能够以假乱真。

CorelDRAW 2020 带有 90 多种不同的特殊效果，这么多的特殊效果就算和 Photoshop 等专业位图处理软件相比也绝不逊色，如图 7-61 所示。

下面通过给图 7-62 所示的相片添加彩色玻璃为例来具体讲述如何添加气候效果，操作详解：

（1）选中需要处理的图形。

（2）执行"效果"｜"创造性"｜"彩色玻璃"菜单命令，出现"彩色玻璃"对话框，如图 7-63 所示。

（3）在对话框中依次设置玻璃的大小、光源强度、焊接宽度和焊接颜色。设置完毕，单击"OK"（确定）按钮。

（4）这就为图像加上了彩色玻璃，如图 7-64 所示。

图 7-61

图 7-62

图 7-63

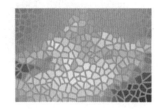

图 7-64

设置玻璃强度和大小时，往往不能一次得到所需的参数。不要着急，静下心来多调试几次就可以得到理想的效果了。其他特殊效果的设置也是如此，都需要反复的实验和丰富的实际操作经验。

7.8.2 特殊效果展示

下面将逐项演示各种特殊效果，其中并没有一一显示各种效果，这里做的演示效果仅作为参考。

1. 三维效果

三维效果菜单如图 7-65 所示，使用效果如图 7-66 ~ 图 7-73 所示。

图 7-65

图 7-66（原图）

图 7-67（三维旋转）

图 7-68（柱面）

图 7-69（浮雕）

图 7-70（卷页）

图 7-71（透视）

图 7-72（挤远/挤近）

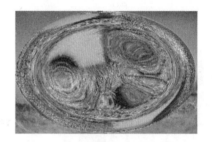
图 7-73（球面）

2. 艺术笔触效果

通过使用艺术笔触滤镜，可以在位图中运用一些特殊的艺术效果。这些艺术效果可以使我们的绘图变得更具魅力。以往需要很长时间才能完成的效果的渲染，现在在很短的时间内就能完成。效果如图 7-74~ 图 7-79 所示（这里就不一一显示其效果，仅为提供参考）。

图 7-75（原图）

图 7-76（炭笔画）

图 7-74（艺术笔触效果菜单）

图 7-77（立体派）

图 7-78（水彩纸画）

图 7-79（波浪纸画）

3. 模糊

CorelDRAW 2020 提供了 9 种模糊效果供我们选择。应用模糊效果，可以使位图柔化、边缘平滑、颜色渐变，效果如图 7-80~ 图 7-83 所示。

图 7-80（模糊菜单）

图 7-81（原图）

图 7-82（放射式模糊）

图 7-83（缩放）

4. 相机

相机效果组可模拟各种"相机"镜头产生的效果，包括着色、扩散、照片过滤器、棕褐色色调和延时效果，可以让照片回到历史，展示过去流行的摄影风格，效果如图 7-84 所示。

相机效果组

原图

着色

扩散　　　　　　　　照片过滤器　　　　　　　棕褐色色调

图 7-84

5. 颜色转换

通过颜色转换滤镜的处理，我们可以得到许多色彩效果，效果如图 7-85 ~ 图 7-88 所示。

颜色转换效果是对位图进行颜色处理的非常强大的工具。曝光滤镜可以产生类似于摄像时曝光过度的效果。对于曝光不足的相片，可以通过曝光处理使颜色正常。使用半色调效果滤镜处理位图，常常可以产生意想不到的效果。

图 7-85（颜色转换效果菜单）

图 7-86（原图）　　　图 7-87（位平面）　　　图 7-88（曝光）

6. 轮廓图

值得注意的是，这里的轮廓图效果是指位图的效果，与前面介绍的矢量图的轮廓图效果有本质上的区别，效果如图 7-89 ~ 图 7-92 所示。

图 7-89（轮廓效果菜单）

图 7-90（原图）　　　图 7-91（查找边缘）　　　图 7-92（描绘轮廓）

7. 创造性

创造性特殊效果，顾名思义是最具创造力的特殊效果。使用这些滤镜可以获得很出色的绘图效果，效果如图7-93~图7-96所示。

图7-93（创造性效果菜单）

图7-94（原图）

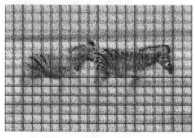

图7-95（织物）

图7-96（虚光）

8. 扭曲

效果如图7-97~图7-100所示。

图7-97（扭曲效果菜单）

图7-98（原图）

图7-99（偏移）

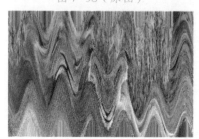

图7-100（龟纹）

9. 杂点

适当添加杂点可以从整体上改变图形的效果。而减少杂点则会使位图显得柔和，视觉效果比较清晰，效果如图 7-101 ~ 图 7-104 所示。

图 7-101（杂点效果菜单）

图 7-102（原图）　　　图 7-103（最大值）　　　图 7-104（移除杂点）

10. 鲜明化

采用鲜明化效果可以改变位图像素的色度、亮度及对比度。从而使位图变得鲜明突出，位图的边缘也得以增强，效果如图 7-105 ~ 图 7-107 所示。

图 7-105（鲜明化效果菜单）　　　图 7-106（原图）　　　图 7-107（非鲜明化遮罩）

从上图 7-105 所示的菜单中可以看到共有五个鲜明化滤镜。其中最常用的是非鲜明化遮罩特殊效果，如图 7-107 即是应用了非鲜明化遮罩效果的位图。

7.9 本章操作技巧提示

7.9.1 阴影的使用限制

（1）已经应用了混合、立体化、轮廓圆等效果的对象不能制作阴影。

（2）没有填充颜色，且轮廓线条非常细的对象不能产生阴影。

（3）已经制作了阴影的对象就不能再使用阴影 工具制作阴影了。

（4）对于已经制作了阴影的对象，不能使用交互式填充工具 变形，但是可以使用形状 工具修改外观，这时阴影也会随之改变。

（5）阴影▢工具只能作用于对象的颜色填充部分。不同的填充颜色可以产生不同的阴影效果。

（6）位图也可以制作阴影，但是一般的位图对象只能产生矩形的阴影，而不会根据对象的外观产生阴影。

7.9.2 透镜使用限制

（1）透镜泊坞窗中的透镜只能用于矢量绘图对象，不能对位图应用这些透镜效果。

（2）已经群组的对象和经过其他效果如混合、立体化、轮廓圆、PowerClip 的矢量绘图对象不能添加透镜效果。

（3）添加了透镜的对象不能应用渐变效果。

（4）添加了透镜效果的对象经过焊接操作后将失去透镜效果。

（5）经过透镜效果作用后的对象经过群组和 PowerClip 对象精确裁剪后仍然具备透镜效果。

7.10 技艺拓展

7.10.1 日历效果

操作详解：

（1）执行"文件"｜"新建"菜单命令，新建一个页面文件。

（2）单击工具箱中的矩形工具▢，按住 Ctrl 键的同时按住鼠标左键并拖动，在页面内绘制一个小正方形。

（3）选取小正方形，先后按下 Ctrl+C 组合键和 Ctrl+V 组合键，将其复制一个副本。

（4）按住 Shift 键，向外拉大图框，形成一组同心正方形，如图 7-108 所示。

（5）选取小的正方形，选择交互式填充工具◇，单击属性栏中的"渐变填充"▢按钮，然后单击"编辑填充"▢按钮，弹出如图 7-109 所示的"渐变填充"对话框。在对话框中将其设置为从淡蓝色到白色的圆锥形渐变填充，如图 7-109 所示。然后单击"OK"（确定）按钮。

（6）选中小正方形。按 F12 键打开"轮廓笔"对话框，设置轮廓宽度为"无"，然后单击"OK"（确定）按钮，将小正方形的边框轮廓去掉。

（7）用挑选工具▸框选同心正方形组，按 Ctrl+G 组合键将其组合。

（8）选取组合对象，按 Alt+F7 组合键打开"变换"泊坞窗。

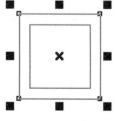

图 7-108

（9）在如图7-110所示的"变换"泊坞窗中的"位置"选项区中确保"相对位置"呈选中状态，将"副本"设置为1，单击"应用"按钮，再制作六个副本，排成一行，如图7-111所示。

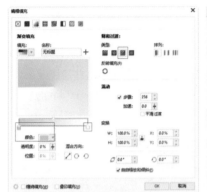

图7-109   图7-110   图7-111

（10）用挑选工具框选此行小正方形组，按Ctrl+G组合键将其组合。

（11）选取小正方形组合对象，按Alt+F7组合键打开"变换"泊坞窗。在"变换"泊坞窗中的"位置"选项区中确保"相对位置"呈选中状态，将"副本"设置为1，单击"应用"按钮，再制作五个副本，排成一列，如图7-112所示。

（12）单击文本字工具，在左上角小正方形内按住鼠标左键并拖动，绘制一个文本框。

（13）在文本框中输入"日"字样。

（14）设置文本属性：字体为华文琥珀，字号为30，如图7-113所示。

（15）重复步骤第12~14步，依次在一行中输入一至六字样。

（16）根据日历安排，在下面的正方形中分别输入阿拉伯数字的日期数字1~31，并设置其字体和适当的字号，如图7-114所示。

（17）用挑选工具框选全图，执行"对象" | "全部取消组合"菜单命令，将大正方形框全部去除，同时将没有文字的小正方形也删除，得到如图7-115所示的效果。

图7-112   图7-113   图7-114   图7-115

（18）用挑选工具框选全图，按Ctrl+G组合键将其组合。

（19）单击工具箱中的文本字工具，在日历顶端按住鼠标左键并拖动，绘制一个文本框。

（20）在文本框中输入"2006"的字样。

（21）在属性栏中设置好字体和适当的字号。

（22）单击上面的文字，在鼠标右键菜单中选择"对象样式"|"应用样式"|"字符"命令，然后执行"文本"|"转换为美术字"菜单命令，将其转换为美术字，如图 7-116 所示。

图 7-116

（23）选取美术字。选择交互式填充工具 ◇，单击属性栏中的"渐变填充" ▇ 按钮，然后单击"编辑填充" 按钮，弹出如"渐变填充"对话框。在对话框中将美术字填充为从蓝色到白色的线性渐变填充，如图 7-117 所示。然后单击"OK"（确定）按钮。

（24）选择轮廓圆 ▢ 工具，在属性栏单击选择"外部轮廓" ▢ 按钮，再单击右侧"清除轮廓" 清除轮廓 按钮取消美术字的边框轮廓。

图 7-117

（25）选取美术字，单击工具箱中的阴影 ▢ 工具，按住鼠标左键并向右下方拖动，为年份数字加上阴影，效果如图 7-118 所示。

（26）用挑选工具 ▶ 框选全图，按 Ctrl+G 组合键将其组合。

图 7-118

（27）执行"文件"|"导入"菜单命令，在弹出的"导入"对话框的文件列表中找到光盘中"小狗 .tif"，在"导入方式"列表框中选择"全图"选项，单击"导入"按钮。

（28）当鼠标指针变为标尺包围位图名称图样时，在页面中拖动鼠标，绘制一个位图导入框。释放鼠标，将位图导入指定范围中。

（29）调整导入位图的位置，使位图位于页面中央，如图 7-119 所示。

（30）选取小狗位图，执行"效果"|"模糊"|"高斯式模糊"菜单命令，在弹出的如图 7-120 所示的"高斯式模糊"对话框中设置模糊半径为 2.0，单击"OK"（确定）按钮，得到如图 7-121 所示的效果。

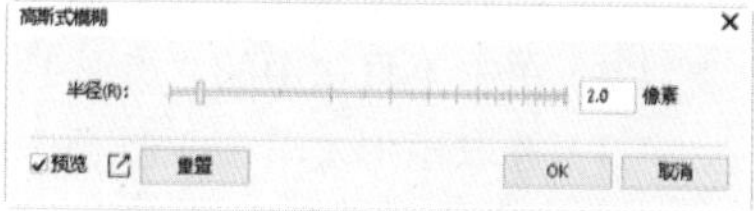

（31）选取位图，执行"对象"|"顺序"|"到图层后面"菜单命令，将背景置后，效果如图 7-122 所示。

（32）单击文本 **字** 工具，在日历左端按住

图 7-119

图 7-120

189

鼠标左键并拖动，绘制一个文本框。

（33）在文本框中竖向输入 Aug 字样。

（34）在属性栏中设置其字体和适当的字号。

（35）选取文本，执行"文字"|"转换为美术字"
菜单命令，将其转换为美术字。

（36）选取美术字，使用交互式填充工具 将
美字填充为黑色。

图 7-121

（37）按 F12 键在"轮廓笔"对话框中将美术
字轮廓"宽度"设置为"无"。

（38）选取美术字，单击工具箱中的透明度工
具，按住鼠标左键向下方拖动，
在属性栏中设置透明合并模式为
"叠加"，节点透明度为20，如
图 7-123 所示。

（39）选取位图，执行"效
果"|"三维效果"|"卷页"
菜单命令，弹出如图 7-124 所示
的"卷页"对话框。

图 7-122

图 7-123

（40）在"卷页"对话框中
设置右下角卷页，宽度和高度都
设置为45%。其余设置默认，单
击"OK"（确定）按钮。

（41）用挑选工具 框选全
图，执行"位图"|"转换为位图"
菜单命令，将整体转化为位图。

到此，精美日历就绘制完成
了，效果如图 7-125 所示。

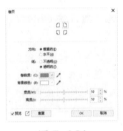

图 7-124

图 7-125

7.10.2 入场券

说明：本练习利用虚光处理的位图作背景，而且美术字效果处理中运用了拆
分后处理的技巧。位图虚光处理和美术字拆分重组是本练习的重点。

具体的操作步骤如下：

（1）执行"文件"|"新建"菜单命令，新建一个页面文件。

（2）单击工具箱中的"矩形工具"，在页面中按下鼠标左键并拖动，绘制一个矩形。

（3）选取矩形。单击工具箱中的"交互式填充工具"，单击属性栏中的"填充色"
按钮，在弹出的对话框中将"颜色"设置为黑色，效果如图 7-126 所示。

（4）执行"文件"|"导入"菜单命令，在弹出的"导入"对话框中选择"素材1.tif"

文件，单击"导入"按钮，随即进入页面。

（5）当鼠标指针变为标尺包围位图名称图样时，在页面中按下鼠标基键并拖动，绘制一个位图导入框。释放鼠标，将位图导入指定范围中。

（6）调整导入位图的位置，使位图位于页面左侧位置，如图7-127所示。

图7-126　　　　　　　　　　　　　图7-127

（7）选取位图，执行"效果"｜"创造性"｜"虚光"菜单命令，在弹出的如图7-128所示的"虚光"对话框中做如下设置：颜色为黑色；形状为椭圆形；偏移为140；褪色为90，单击"OK"（确定）按钮，得到如图7-129所示的效果。

图7-128　　　　　　　　　　　　　图7-129

（8）重复第4～7步，再导入另外几张位图，同样做虚光处理，并安排在背景框中合适的位置。导入处理效果分别如图7-130、图7-131所示。

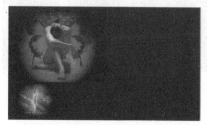

图7-130　　　　　　　　　　　　　图7-131

（9）用挑选工具▶框选全图，用Ctrl+G组合键将其组合。

（10）从标尺栏拉出一条垂直辅助线，置于背景矩形右侧作为标度。

（11）在标尺位置顶端绘制一个小圆，圆心在辅助线上，为了清楚起见，将其用标准填充工具填充为白色。

（12）做一个正方形，作为隔距标度等距包围小圆，为了清楚起见，轮廓用轮廓笔工具设置为白色。并用 Ctrl+G 组合键将两者组合，如图 7-132 所示。

图 7-132

（13）选取组合图，按 Alt+F7 组合键打开"变换"泊坞窗，确保"相对位置"被选中，将 X 设置为 0、Y 设置为 -17、副本设置为 1，如图 7-133 所示，然后单击"应用"按钮设置向下的镜像复制，多次单击"应用"按钮，再复制 7 个方圆，最后使用 Ctrl+G 将这些方圆组合形成链状，如图 7-134 所示。

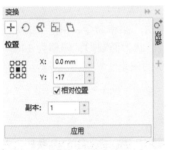

图 7-133

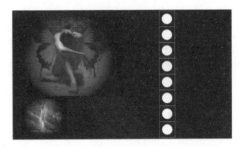

图 7-134

（14）用挑选工具 框选方圆链，执行"对象"|"组合"|"全部取消组合"菜单命令，取消群组。

（15）删除所有方格，得到正副券的撕孔效果，如图 7-135 所示。

（16）使用文本 字 工具在副券区中绘制一个文本框，输入"副券"字样及相应的价格字样。设置文本字体为"黑体"，字号依据具体情况而定，如图 7-136 所示。

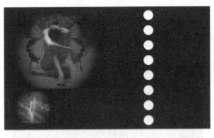

图 7-134

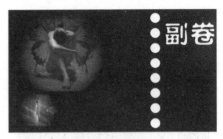

图 7-136

（17）在"正券"区再绘制一个文本框，在框中输入 CAMERA 字样，并设置合适的文本字体。

（18）选取文本，执行"文字"|"转换为美术字"菜单命令，将文本转换为美术字。

（19）单击工具箱中的交互式填充工具 ，填充字体，效果如图 7-137 所示。

（20）选中美术字，使用封套 工具，将美术字进行变形，得到如图 7-138 所示的效果，用 Ctrl+G 组合键将美术字重新编组。

图 7-137

图 7-138

（21）选中美术字，用工具箱中的交互式填充工具 ◈，单击属性栏中的"底纹填充" ▦ 按钮，然后单击"编辑填充" ▣ 按钮，在弹出的"底纹填充"对话框中进行填充设置，效果如图 7-139 所示。

（22）在美术字上下方各绘制一个文本框，输入展览会名称和主办单位。

（23）分别为其设置合适的字体和大小，并以金黄色填充。

到此，入场券绘制完成，如图 7-140 所示。

图 7-139

图 7-140

7.11 本章回顾

通过本章的学习，大家已经基本了解了 CorelDRAW 2020 各项图形特效功能，CorelDRAW 2020 的图形特效功能是对该软件强大的矢量绘图功能的补充，它更完善了 CorelDRAW 2020 对于位图图形的再塑能力。使图形设计师在进行图形设计时，更加省时省力，不用切换于位图编辑软件与矢量绘图软件之间，在 CorelDRAW 2020 就可以一并完成所要添加的各种图形特效了。

很好地运用图形特效可以使设计好的图形效果锦上添花，另外，对于本章操作技巧的掌握，对快速掌握 CorelDRAW 2020 的图形特效功能是非常有益的。

第 8 章

使用 CorelDRAW 2020 自带的辅助程序

学习要点和本章导读

- 了解 CorelDRAW—Barcode Wizard
- 了解 CorelDRAW—PHOTO-PAINT
- 掌握本章操作快捷技巧

　　本章重点讲解 CorelDRAW 2020 自带的两个辅助工具: 条形码向导 CorelDRAW—Barcode Wizard 和位图编辑工具 CorelDRAW—PHOTO-PAINT, 并以上述两个工具的具体使用方法及具体实例演练的形式加以说明。

8.1 实战演练：实用的条形码制作工具——CorelDRAW—Barcode Wizard 条形码向导

条形码并不陌生，在生活中和工作中是经常可以看到的。所以这里有必要介绍一下其制作方法。在 CorelDRAW 2020 自带的辅助程序中就有一项是关于条形码的制作—Barcode Wizard 条形码向导，有了 Barcode Wizard 条形码向导，工作就容易多了，只要跟着向导一步一步操作便可。

接下来通过具体的实例来对 Barcode Wizard 条形码向导进行讲解。

操作详解：

（1）执行"对象"|"插入"|"条形码"命令，弹出"条码向导"对话框，如图 8-1 所示。

（2）在条形码向导对话框中可以进行一系列的设置。

①单击"从下列行业标准格式中选择一个"，在弹出的下拉列表中选择合适的标准格式，如图 8-2 所示。

②条形码最多输入 40 个数字，此框根据选择标准格式的不同而不同。

（3）在"从下列行业标准格式中选择一个"的下拉列表框中选择"EAN-13"（中国标准），如图 8-3 所示。然后在"输入 12 个数字"的文本框中输入"692150501414"，单击"下一步"按钮。

图 8-1

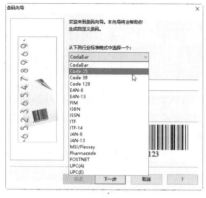

图 8-2

图 8-3

（4）在弹出的如图 8-4 所示的对话框中设置条形码的属性，设置完后单击"下一步"按钮。

（5）在如图8-5所示的条形码完成对话框中可以设置条形码文本的显示与否。

图 8-4

图 8-5

当选择"确保该条码可以由人读出（显示文本）"单选框时，其效果如图8-6所示，否则效果如图8-7所示。

图 8-6

图 8-7

这样条形码就制作完成了。

提示：根据选择不同的标准格式，将会创建出不同的条形码。

8.2 实战演练：使用 Corel PHOTO-PAINT 2020 制作立体包装图

为专业图像编辑与创作而设的 Corel PHOTO-PAINT 2020，是一套全面的彩绘和照片编修程序，具有多个图像增强的滤镜，改善扫描图像的质素，再加上特殊效果滤镜，大大改变图像的外观。用户可使用自然式画笔创造出如彩绘般的艺术效果。

Corel PHOTO—PAINT 程序的功能是 CorelDRAW 和 Photoshop 两者的结合，在操作过程中就好像同时进入了两个应用程序。有了 CorelDRAW 和 Photoshop 来做基础，就很容易理解和学习 Corel PHOTO-PAINT 2020。图8-8为 Corel PHOTO-PAINT 2020 的工作界面。

图 8-8

下面通过制作包装立体效果图来具体解析该程序的使用方法。

操作详解：

（1）在 CorelDRAW 2020 中执行"对象"|"插入"|"对象"命令，在打开的"插入新对象"对话框中选择"新建"下的"对象类型"为"Corel PHOTO-PAINT 2020 Image"，然后单击"确定"按钮，打开如图 8-9 所示的"创建新图像"对话框，在对话框中设置参数，设置完后单击"确定"按钮，完成图像文件的建立。

（2）执行"文件"|"导入"菜单命令，将制作好的三幅位图图形导入新建图像中并调整其大小。打开"对象"泊坞窗如图 8-10 所示。

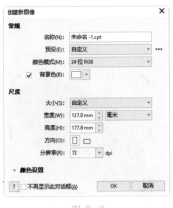

图 8-9

图 8-10

（3）选择工具箱中的挑选工具，单击属性栏中的"变形"按钮，在编辑区中单击，这时图形的四周会出现四个控制箭头，然后通过调整箭头来调整图形，如图 8-11 所示。

197

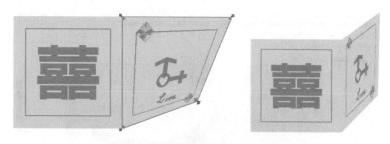

图 8-11

（4）同样的方法，将第三幅位图进行相应的调整，调整后效果如图 8-12 所示。

（5）在"对象"泊坞窗选择"图形对象"，在工具箱"选择对象透明度" ▨ 工具，按照图 8-13 所示的方向拖动鼠标。

（6）单击"对象"泊坞窗下面的"新建对象" ⊡ 按钮，创建新对象。使用椭圆形 ○ 工具绘制一个扁圆形。并使用"填充工具" ◇，在页面单击鼠标右键，在弹出的快捷菜单选择"编辑填充"命令，在打开的均匀填充对话框中选择色彩模型为"CMYK"，然后将填充色彩设置为 C0，M0，Y100，K0，如图 8-14 所示。单击"OK"（确定）按钮，单击椭圆形以应用色彩。

图 8-12　　　　　图 8-13

（7）选择工具箱中的选择工具 ▸，单击选中属性栏中的"旋转" ⟳ 按钮，旋转调整椭圆到图 8-15 所示状态。

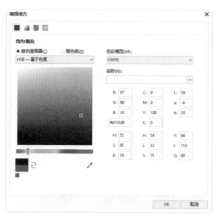

图 8-14

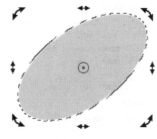

图 8-15

（8）执行"编辑"｜"复制"菜单命令，复制该椭圆，再执行"编辑"｜"选择性粘贴"｜"粘贴至对象"。使用挑选工具 ▸ 选中复制的椭圆形，在属性栏中单击"水平镜像" ⬓

按钮，使复制的椭圆水平翻转。使用挑选工具 ▶ 调整两个椭圆到图 8-16 所示状态。

　　（9）执行"编辑" | "复制"菜单命令，复制第 2 个椭圆，再执行"编辑" | "选择性粘贴" | "粘贴至对象"菜单命令。选择工具箱中的挑选工具 ▶，在属性栏单击"变形" ▣ 按钮，然后调整该椭圆到图 8-17 所示状态。并在对象面板将该椭圆对象拖动到第 2 个椭圆对象的下方。

图 8-16　　　　　　图 8-17

　　（10）使用颜色滴管 ✐ 工具，单击包装"囍"字上的红色，然后再分别执行"编辑" | "复制"和"编辑" | "选择性粘贴" | "粘贴至对象"，先后复制出与现有 3 个椭圆相同的 3 个新椭圆。

　　（11）单击选中复制出的 3 个椭圆，然后使用滴管 ✐ 工具，单击包装"囍"字上的红色，将按个椭圆形的颜色填充为"囍"字上的红色。

　　（12）选择工具箱中的挑选工具 ▶，单击属性栏中的"变形" ▣ 按钮，调整 3 个红色的椭圆到图 8-18 所示状态。

图 8-18

> **注意：** 在 Corel PHOTO-PAINT 中各个工具的操作方法与其他图形软件的操作方法基本相同，就是通过单击选择图形对象后，通过拖动的方法绘制或调整图像对象，然后单击鼠标确定操作。

　　（13）选择右上角的红色椭圆，在工具箱选择填充工具 ◈ 后，在页面单击鼠标右键，在弹出的快捷菜单选择"编辑填充"命令，在打开的对话框中单击"渐变填充" ▨ 按钮，设置由黑（K100）到红（C0，M100，Y100，K0）的线性渐变，所做其他设置如图 8-19 所示，单击"确定"按钮完成设置。

　　（14）使用填充工具 ◈ 在后面红色的椭圆上单击，该椭圆被填充为渐变色彩，如图 8-20 所示。

　　（15）在"对象"泊坞窗新建对象，使用路径工具 ✎ 绘制图 8-21 所示的封闭

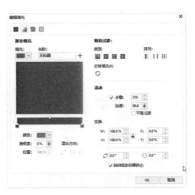

图 8-19　　　　　　图 8-20

路径，并执行"遮罩"|"创建"|"遮罩自路径"菜单命令，这时封闭路径以外区域被透明的淡粉色遮盖。使用填充工具 在路径内填充黑到黄的渐变色彩，该颜色的设置如图8-22所示。

（16）执行"遮罩"|"移除遮罩"菜单命令，删除所建遮罩。使用与步骤（15）同样的方法，制作图8-23所示的渐变填充部分，再执行"遮罩"|"删除移除遮罩"菜单命令，删除所建遮罩，并使用路径工具 在路径上单击鼠标右键，在弹出的快捷菜单选择"删除路径"命令，如图8-24所示。

图 8-21

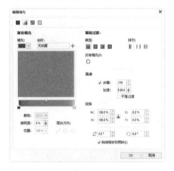

图 8-22

图 8-23

图 8-24

（17）改变前面的两个红色椭圆的填充色与右上角的红色椭圆相同，得到图形如图8-25所示。

（18）在"对象"泊坞窗选择"背景"对象，然后单击"删除" 按钮删除"背景"对象。

（19）在"对象"泊坞窗新建对象，并在"对象"泊坞窗将新建对象拖动到"对象"泊坞窗的最底层。使用路径工具 绘制图8-26所示的封闭路径作为包装盒的投影区域，然后执行"遮罩"|"创建"|"遮罩自路径"菜单命令。

（20）使用填充工具 在封闭路径内填充棕色（C55，M87，Y84，K8）到灰（C23，M18，Y18，K0）的渐变色彩，该颜色的设置如图8-27所示，填充后图形如图8-28所示。

图 8-25

图 8-26

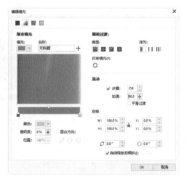

图 8-27

（21）执行"遮罩"|
"移除遮罩"菜单命令，
删除所建遮罩。并使用路
径工具✎在路径上单击鼠
标右键，在弹出的快捷菜
单选择"删除路径"命令。
使用对象透明度工具▦按
照图 8-29 所示方向拖动
鼠标。

图 8-28

图 8-29

（22）在"对象"泊坞窗最底层新建对象，用来制作背景对象。在工具箱选择填充
工具✎后，在页面单击鼠标右键，在弹出的快捷菜单选择"编辑填充"命令，并在打开
的对话框中单击"位图图样填充"按钮，打开位图样填充对话框，如图 8-30 所示，单
击"选择"按钮，在打开的如图 8-31 所示的"导入"对话框选择要用来作为背景的图片，
然后单击"导入"按钮完成设置。

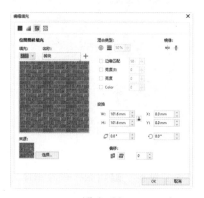
图 8-30

图 8-31

（23）选择矩形工具▢，在底层对象上绘制矩形选区，并使用填充工具✎为其填充
渐变色彩，设置由粉色（C0%，M 60%，Y 20%，K 0%）到浅蓝色（C50%，M0%，Y 0%，
K 0%）的渐变，其他设置如图 8-32 所示。填充后效果如图 8-33 所示。

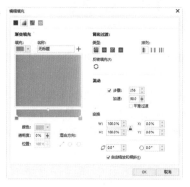
图 8-32

图 8-33

（24）接着执行"效果"｜"创造性"｜"马赛克"菜单命令，在打开的"马赛克"对话框中，进行图 8-34 所示设置。单击"OK"（确定）得到图形效果如图 8-35 所示。

图 8-34

图 8-35

（25）按下 Shift 键，使用对象选择工具连续选择包装盒侧面和投影部分，然后使用对象透明度图工具按照图 8-36 所示方向拖动鼠标，最后，得到图形效果如图 8-37 所示。

图 8-36

图 8-37

（26）执行"文件"｜"保存"菜单命令或单击"保存"按钮，保存图像为"立体包装"。也可以执行"文件"｜"另存为"菜单命令，将图像保存为其他图形软件的图像格式，如 PSD，TIFF，JPEG 等。

至此，食品包装盒的立体效果图制作完成。

8.3　本章回顾

通过本章的学习，大家已经基本了解了 CorelDRAW 2020 自带的两个常用辅助工具的具体使用方法。

条形码向导 CorelDRAW-Barcode Wizard 可以说是 CorelDRAW 2020 的特色之一，它可以使用户非常方便地生成不同标准的条形码，而不需借助于其他的条形码编译器；位图编辑工具 CorelDRAW 2020—PHOTO-PAINT，加强了在 CorelDRAW 2020 内部编辑位图较为孱弱的方面。

第 9 章

打印、网络发布与发排前注意事项

学习要点和本章导读

- 学习打印设置
- 掌握 CorelDRAW 2020 各项打印操作
- 了解 CorelDRAW 2020 网络发布
- 了解网络发布的注意事项
- 了解文档发排前注意事项

    在作品设计、制作完成后，下一步需要做的是输出和打印；那么在本章，就来具体学习文档的打印与设置，网络发布和作品发排前应该检查的项目，以免因为小小的疏忽而导致作品的整体失败。

9.1 打印设置

9.1.1 检测打印设备

在准备将文档打印之前，用户应检查目前的打印设备是否配置了适当的设备驱动程序；如果没有，可以打开 Windows 的"控制面板"，通过"设备和打印机"项来添加安装打印机，如图 9-1 所示。

在打印设备进入正常工作状态后，用户就可以开始设置需要打印的文档。

在 CorelDRAW 中执行"文件" | "打印"菜单命令，或者单击标准工具栏中的"打印" 凸按钮，打开"打印"对话框进行打印设置，如图 9-2 所示。

图 9-1

图 9-2

在该对话框中，用户可以详细地设置打印作业，以得到满意的输出效果。

9.1.2 设置打印属性

不同品牌或类型的打印设备的属性设置选项和对话框略有不同，但基本内容是相同的。下面就来具体讲解如何设置打印属性，以供设计者学习和参考。

1.常规选项卡

"常规选项卡"（如图 9-2 所示）上各相关选项的功能如下：

（1）打印机：在其下拉列表中，可以选择与本台计算机相连的打印机，或者选择虚拟打印机。

（2）首选项 ：单击该按钮，将弹出与所选打印机类型对应的设置对话框，在其中可以根据需要设置各个打印选项，如打印的纸张尺寸。

（3）当前文档：打印当前文件中的所有页面。

（4）当前页：打印当前编辑的页面。

（5）页：打印指定页，可以输入打印特定页面范围，或者选择只打印偶数页面或者奇数页面。

（6）文档：可以在文件列表框中选择所要打印的文档，出现在该列表框中的文件是已经被 CorelDRAW 打开的文件。

（7）选定内容：打印选定的对象。

（8）份数：设置文件被打印的份数。

（9）打印类型：在其下拉列表中选择打印的类型。单击"另存为"按钮，可将设置好的打印参数保存起来，以便日后在需要的时候直接调用。

（10）打印为位图：选中此复选框后，在右侧的 dpi 数值框中可输入一个数值来设置图像的分辨率。通常在要打印复杂文件时，可能需要花相当多的时间修复和校正文件，这时可以选中"打印为位图"复选框，即可将页面转换为位图，该过程也称为光栅化，这样就可以更加轻松地打印复杂文件了。要减小文件大小，可以缩减位图取样。由于位图是由像素组成的，所以当缩减位图像素采样时，每个线条的像素数将减少，从而减小了文件大小。

2. "Color"（颜色）选项卡

CorelDRAW 打印设置中的颜色选项卡是用于设置 PostScript 打印机，即在"常规"选项卡中选择的打印机类型。在图 9-2 中单击"Color"（颜色）切换到"Color"（颜色）选项卡，如图 9-3 所示。

（1）颜色转换：可在其右侧的列表框中选择 CorelDRAW 或打印机。选择 CorelDRAW 可以让应用程序执行颜色转换。选择打印机，可让所选的打印机执行颜色转换（此选项仅适用与打印机）。

（2）输出颜色：从右侧的列表框中选择合适的颜色模式，可打印文档并保留 RGB 或灰度颜色。

（3）颜色配置文件：在右侧的列表框中选择文档颜色预置文件，可打印原始颜色的文档。

①匹配类型：指定打印的匹配类型。

②相对比色：在打印机上生成校样，且不保留白点。

③绝对比色：保留白点和校样。

④感性：适用于多种图像，尤其是位图和摄影图像。

⑤饱和度：适用于矢量图形，保留高度饱和的颜色(线条、文本和纯色对象，如图表)。

图 9-3

3. "复合"选项卡

"复合"选项卡（图 9-4）是用于在其中进行颜色补漏和叠印设置，在对象边缘补充颜色打印，使得分色打印时没有对齐的地方不明显。

图 9-4

（1）文档叠印：系统默认为"保留"选项，可以保留文档中的叠印设置。也可以选择"忽略"选项。

（2）始终叠印黑色：选中该复选框，可以使任何含95%以上的黑色对象与其下面的对象叠印在一起。

（3）"自动补漏"下的"自动伸展"：通过给对象指定与其填充颜色相同的轮廓，然后使轮廓叠印在对象的下面。

（4）"自动补漏"下的"固定宽度"：固定宽度的自动扩展值。在"上述文本"框中键入的值表示应用自动时的最小程度。如果该值设置的太小，在应用自动伸展时，小文字会被渲染得看不清楚。

4．"Layou"（布局）选项卡

"Layou"（布局）(图9-5)通过指定大小、位置和比例，可以设计打印作业的版面。

（1）与文档相同：保持图像大小与原文档相同。

（2）调整到页面大小：调整打印页面的大小和位置，以适应打印页面。

（3）重新定位插图至：可以通过从列表框中选择一个位置来重新定位图像在打印页面中的位置。可以在相应的框中指定大小、位置和比例。

图 9-5

（4）拼贴页面：打印作业会将每页的各个部分打印在单独的纸张上，然后可以将这些纸张合并为一张。

①平铺重叠：指定要重叠平铺的数量。

②页宽%：指定平铺要占用的页宽的百分比。

（5）出血限制：设置图像可以超出裁剪标记的距离。使打印作业扩展到最终纸张大小的边缘之外。出血边缘限制可以将稿件的边缘设计成超出实际纸张的尺寸，通常在上下左右可各留出3~5mm，这样可以避免由于打印和裁剪过程中的误差而产生不必要的白边。

（6）版面布局：可以从版面布局列表框中选择一种版面布局，如2×2或2×3。

5．"预印"选项卡（图9-6）

（1）纸片／胶片设置：选中"反转"复选框，可以打印负片图像；选中"镜像"复选框，可打印为图像的镜像效果。

（2）打印文件信息：选中该复选框，可在页面底部打印出文件名、当前日期和时间等信息。

（3）打印页码：选中该复选框，可以打印页码。

图 9-6

（4）在页面内的位置：选中该复选框，可以在页面内打印文件信息。

（5）裁剪／折叠标记：选中该复选框，可以输出裁剪线标记，作为装订厂装订的参照依据。

（6）仅外部：选中该复选框，可以在同一张纸上打印出多个面，并且将其分割成各个单张。

（7）对象标记：选中该复选框，将打印标记置于对象的边框，而不是页面的边框。

（8）打印套准标记：选中该复选框，可以在页面上打印套准标记。

（9）样式：在右侧列表中选择套准标记的样式。

（10）颜色调校栏：选中该复选框，可以在作品旁边打印包含基本颜色的色条，用于质量较高的打印输出。

（11）尺度比例：选中该复选框，可以在每个分色板上打印一个不同灰度深浅的条，它允许被称为密度计的工具来检查输出内容的精确性、质量程度和一致性，用户可以在下面的"浓度"列表框中选择颜色的浓度值。

（12）位图缩减取样：在该选项中，可以分别设置在单色模式和彩色模式下的打印分辨率，常用于打印样稿时降低像素取样率，以减小文件大小，提高打样速率。不宜在需要较高品质的打印输出时设置该选项。

9.2 打印作业

执行"文件" | "打印"菜单命令，在弹出的打印对话框的"常规"选项卡设置打印范围，如图9–7所示。

在该选项卡中，用户可以同时设置要打印的范围，可以打印全部页面，也可以只打印部分页面或将奇数页和偶数页分别进行打印。

图 9–7

（1）当前文档：选择该项，打印当前文档的全部页面。

（2）文档：选择该项，须先要打印的文档后，被选择的文档将被打印全部页面。

（3）当前页面：选择该项，将打印当前显示页面。

（4）页：打印指定页码范围，指定方法为：1~7页可输入1–7；打印第1、3、4页，可输入1，3，4；只打印第2页，输入数字2即可。

①若在页码范围列表框中选择偶数选项，将只打印偶数页；

②若在页码范围列表框中选择奇数选项，将只打印奇数页；

③若在页码范围列表框中选择偶数和奇数选项，则分别打印偶数和奇数页。

④在页码范围文字编辑框中输入指定的打印页码范围。

注意： 在用户输入指定的打印的页码范围时，如果用户输入的数字之间用"–"符号连接，将定义一个连续的页码范围，比如输入1-5，则表示从第一页一直打印到第五页；如果用户在输入数之间用"，"符号连接，将定义一个不连续的页码范围，比如输入1,3,4，则表示只打印第一页、第三页和第四页；用户也可以将"–"符和"，"符号混合使用，比如输入1-3,6,8，则表示将打印第一页、第二页、第三页、第六页和第八页；如果用户输入的数字之间用"~"符号连接，则可以定义除打印用户所输入的数字的页码外，在这两个数字之间的页码每隔一页打印一次，比如输入1~6，则表示将打印第一页、第三页、第五页和第六页。

操作详解：

（1）执行"文件" | "打印"菜单命令。

（2）在打印设置对话框中单击"常规"标签。

（3）在份数栏中的打印份数框中输入需要打印的副本数量。

（4）单击"打印"按钮开始打印。

9.3 打印预览

打印设置完成后，如果无法确定是否会出现错误，则可以使用打印预览进行观察。在打印预览窗口中，用户还可以对所要打印对象的位置、大小等项目进行适当的调整；并且可以给所要打印的文档添加打印标记或打印文档的负片。在 CorelDRAW 中，系统添加了打印预览功能，用户可以进入打印预览窗口之前，更早发现自己在打印设置中可能存在的错误。

9.3.1 打印预览

对文档进行打印预览有两种方法：

（1）选择菜单栏中的"文件" | "打印"命令。

（2）在打印设置对话框中单击"打印预览(W)" 打印预览(W) 按钮，将弹出如图9-8所示的打印预览窗口。

在这里还可以对被打印文档进行拼版设置。

图 9-8

9.3.2 设置打印位置

在图 9-8 所示的打印预览窗口中的图形位置列表框上单击鼠标左键，将弹出图形位置选项列表框，如图 9-9 所示。

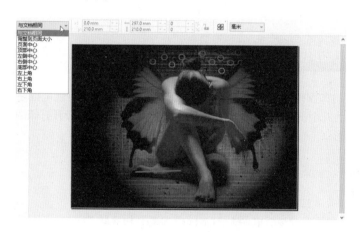

图 9-9

在该列表框中，用户可以定义图形打印在纸面上的位置。

如果选择"与文档相同"选项，则图形将按照图形在文档页面中所处的位置打印在纸面上；

如果选择"调整到页面大小"选项，则图形将以打印纸面的大小自动缩放图形进行打印；

如果选择"页面中心"选项，则图形将移往打印纸面的中央部位；

如果选择"顶部中心"选项，则图形从纸面的顶部开始打印，并且图形处于纸面水平方向的中央部分；

如果选择"左侧中心"选项，则图形从纸面的左边开始打印，并且图形处于纸面垂直方向的中央部位；

如果选择"右侧中心"选面，则图形从纸面的右边开始打印，并且图形处于纸面垂直方向的中央部位；

如果选择"底部中心"选项，则图形从纸面的底部开始打印，并且图形处于纸面水平方向的中央部分；

如果选择"左上角"选项，则图形从纸面的左上角开始打印；

如果选择"右上角"选项，则图形从纸面的右上角开始打印；

如果选择"左下角"选项，则图形从纸面的左下角开始打印；

如果选择"右下角"选项，则图形从纸面的右下角开始打印。

如果在图 9-9 所示的列表框中选择"自定义"选项，将激活打印预览窗口中的图形位置和大小编辑框。

在图 9-9 所示的打印预览窗口中，用鼠标直接单击图形预览区域中的图形并拖动鼠标，也可以激活打印预览窗口中的图形位置和大小编辑框。同时，用户可以通过在预览图形周围的控制手柄来调整图形的打印位置和大小，操作方法与在绘图区中挑选工具移动或变换对象一样。

在图 9-9 所示的打印预览窗口中的"宽度和高度"编辑框中输入数值，可以准确地确定所要打印的图形在纸面上所处的位置。

9.4 拼贴页面

如果需要打印图形的尺寸超过了打印纸张的大小，这时用户就可以使用拼贴页面功能将图形分割为几个部分，然后拼贴页面到几张纸上，最后再将分开打印的纸组合起来，构成完整的图形。

操作详解：

（1）选择菜单栏中的"文件"｜"打印"命令；

（2）在打印设置对话框中单击"Layout"标签，切换到"Layout"选项卡，如图 9-10所示；

（3）若选择"拼贴页面"选项，系统自动计算，然后将图形拼贴页面到几张页面中，如图 9-11 所示；

图 9-10

图 9-11

（4）在"平铺重叠"文本框中，用户可以输入采用此方式打印时图形交界处重叠部分的尺寸，保证图形拼接时的效果。

9.5 网络发布

在 CorelDRAW 2020 中，将设计作品制作成用于网络发布的文件还是比较简单的，下面就来简单介绍一下操作方法。

操作详解：

（1）执行"文件"|"导出"菜单命令，打开"导出"对话框，如图 9-12 所示。

（2）选择导出文件要保存的文件夹，并输入文件名称。在"保存类型"下拉菜单中选择"SWF-Adobe Flash"项。

（3）单击"导出"按钮，打开"Flash 导出"对话框，如图 9-13 所示。

在这里可以对导出的文件进行设置，包括位图设置和优化设置。

在"HTML"选项卡中（图 9-14）可以对要生成的网页做一些基本设置，单击"预览"按钮可以启动浏览器观看即将输出的网页效果。

图 9-12

图 9-13

图 9-14

（4）单击"确定"按钮，即可生成预览所看到的网页。

9.6　操作提示

9.6.1　印前输出注意事项

（1）要确认输出中心是否有文件中所使用的字体，如果没有则需要携带。

（2）图形存储时应检查色彩模式是不是 CMYK 模式，以避免颜色偏差。

（3）在输出前要检查链接文件，如有改动要及时更改链接信息。

（4）渐变处理在桌面系统中效果不理想，在制作时最好能在 Photoshop 的滤镜中加 3 ～ 4 个杂点。

（5）在输出时需提示输出中心是否有较深颜色的大面积渐变（红、黄、黑）。

（6）字体如无特效处理，建议转为曲线或路径，这样可保证字体的万无一失（注：如果转成路径或曲线，可能会在屏幕上产生走样，但并不影响输出）。

（7）CorelDRAW 2020 文件中专色渐变在分色解释时，应注意提示输出中心。

9.6.2　网络发布注意事项

（1）要确认制作的图形分辨率为 72dpi。

（2）检查图形的色彩模式是不是 RGB 模式。

（3）图形设计时色彩须完全使用网络安全色，以避免颜色偏差。

（4）在输出前要检查链接文件，如有改动要及时更改链接信息。

（5）图像应存储为 Jpg、Gif 或 Png 格式。

（6）请将网络发布的作品的文件名使用字母或数字。

9.7　本章回顾

一幅图形作品成功与否在于发布和印刷后的效果，所以细致地做好印前的图形设置与检查以及网络发布前的检测，是将设计作品完美展现给他人或客户的前提。要想将自己的图形创意得以清晰体现，一定要扎实掌握好本章各章节中阐述的内容，这样才会使你的设计工作连续完整，而且更具效率。